2023年度浙江省软科学研究计划资助项目"浙江畲族村落乡土景观与民族生态文化融合发展的路径研究"(编号:2023C35057)研究成果

2023年浙江科技学院学术著作出版专项资助项目

乡村景观营建与文化传承研究

以景宁地区畲族传统村落为例

宋晓青　等　著

ZHEJIANG UNIVERSITY PRESS
浙江大学出版社
·杭州·

图书在版编目(CIP)数据

　　乡村景观营建与文化传承研究 ：以景宁地区畲族传
统村落为例/宋晓青等著. —杭州:浙江大学出版社，
2024.5

　　ISBN 978-7-308-24978-2

　　Ⅰ.①乡… Ⅱ.①宋… Ⅲ.①乡村规划－景观规划－
研究－景宁畲族自治县 Ⅳ.①TU982.295.54

　　中国国家版本馆 CIP 数据核字(2024)第 099134 号

乡村景观营建与文化传承研究:以景宁地区畲族传统村落为例
宋晓青　等 著

责任编辑	王　晴
责任校对	朱梦琳
封面设计	周　灵
出版发行	浙江大学出版社
	（杭州市天目山路 148 号　邮政编码 310007）
	（网址：http://www.zjupress.com）
排　　版	杭州星云光电图文制作有限公司
印　　刷	杭州宏雅印刷有限公司
开　　本	880mm×1230mm　1/32
印　　张	9.5
字　　数	250 千
版 印 次	2024 年 5 月第 1 版　2024 年 5 月第 1 次印刷
书　　号	ISBN 978-7-308-24978-2
定　　价	68.00 元

前　言

在国家乡村振兴战略的助力下,全国各地掀起了乡村环境和经济建设的新热潮,乡村面貌和产业结构正在逐渐发生改变,乡村的人居环境整体上得到了很大程度的改善,农村经济也获得了空前的发展机遇和空间。国家乡村振兴战略为乡村的发展指明了方向,也对乡村景观建设提出了更高的要求。不仅要求视觉上有风景如画的生态宜居环境,而且要以乡村文化作为乡村空间环境营建的出发点和归宿,以文化铸魂,以建设塑形,为乡村营造文化氛围浓厚的空间环境,培育文明的乡风,为产业发展助力,实现产业兴旺、生活富裕的目标。

乡村文化是传统村落历久弥新的关键所在。目前,在传统村落保护和更新实践过程中还存在诸多需要解决的问题,比如如何处理村落建筑"现代"与"传统"之间的关系、村落保护与开发之间的关系、非物质文化中传统与创新之间的关系等,这些也是相关领域专家、学者一直关注的问题。本书以景宁地区畲族传统村落为例,以景观基因理论为依据,将理论与实践相结合,系统地研究和探索了乡村景观营建与文化传承的方法、策略与路径。

本书共分为八章。第一章阐述了研究背景、研究意义、研究对象、研究内容、研究方法与技术路线。第二章阐明了相关概念、理论基础和国内外研究综述。第三章主要介绍了区域自然和人文概况及研究的具体对象和方法。第四章和第五章主要讲述了景宁畲族传统村落文化景观基因,包括物质景观基因和非物质景观基因的识别、提取,以及景观基因信息库和景观基因图谱的构建。第六章分析了景观基因流变的成因,提出景观基因的保护方法。第七章主要介绍了景观基因的应用,并结合设计实践案例,详细阐释了景观基因转译的路径和方法。此外,该章针对景宁地区畲族旅游村落发展的现状,提出了文化景观基因视角下景宁地区畲族传统村落的旅游发展策略。第八章在总结前文的基础上,提出传统畲族村落乡土景观营建与文化传承融合发展的对策建议,并探讨了后续传统畲族村落景观基因的研究方向。

本书的撰写由宋晓青、周敏、刘嵩嵩三位作者共同完成,其中第一章至第三章、第六章至第八章由浙江科技学院艺术设计与服装学院教师宋晓青撰写,第四章由宋晓青和硕士研究生刘嵩嵩对调研资料整理、撰写而成,第五章由浙江科技学院艺术设计与服装学院教师周敏撰写。宋晓青负责本书的统稿,并和周敏共同承担本书的校对工作。

本书在撰稿过程中参考了相关领域专家、学者的观点和论述。在调研、资料的收集和整理过程中得到了景宁畲族自治县住房和城乡建设局党组书记严家远、景宁畲族自治县畲族文化发展中心党组书记兼主任毛陈宇、景宁畲族风情省级旅游度假区发展中心工作人员雷梁燕、景宁畲族自治县渤海镇党委书记雷晓华、景宁畲族自治县澄照乡党委副书记兼乡长柳彩华、畲寨东弄田园综合体总经理罗雯斐等的帮助与大力支持,在此深表感谢。由于作者的学术水平和专业能力有限,书中可能存在疏漏,期望各位专家、同行及广大读者批评指正。

宋晓青

2023 年 6 月

目　录

第一章

绪　论

一、研究背景

(一)乡村发展的机遇

中国是一个农业大国,乡村发展对国家的整体发展至关重要。乡村的发展问题一直是近年来国家关注的焦点。2005年,党的十六届五中全会提出社会主义"新农村"建设的重大历史任务,首次提出了"美丽乡村"一词,标志着乡村的发展进入了一个全新的历史时期。2012年,党的十八大提出全力建设"美丽中国"的重大历史任务,美丽乡村建设成为美丽中国建设的重中之重。2013年的中央一号文件第一次提出了建设"美丽乡村"的奋斗目标。2017年,党的十九大提出了"乡村振兴"战略,为新时代农村改革发展指明了方向、明确了重点。乡村振兴战略是集生产、生活、生态、文化等诸多要素于一体的系统工程。2021年的中央一号文件指出要坚持把解决好"三农"问题作为全党工作重中之重,把全面推进乡村振兴作为实现中华民族伟大复兴的一项重大任务。同年,国家设立"国家乡村振兴局",乡村发展被提到了前所未有的战略高度。2022年,党的二十大进一步提出"建设宜居宜业和美乡村",为新时代的新农村建设指明了前进方向。

1

（二）乡土景观缺失与文化弱化

农业文化是中华民族传统文化的本源，是中华民族在几千年的农业生产、生活中创造、积累和传承的文化精髓，承载了中华上下五千年的文化底蕴，具有较高的社会、历史价值。传统村落是农业文化的摇篮，是中国传统文化的活化石和博物馆。乡村独有的生活、生产方式和地域文化，包括农业习俗、农耕文化、人文典故、民俗礼节、传统艺术、民俗信仰、历史文化等，都构成了传统村落特有的文化底色。文化振兴是乡村振兴的重要内容，是乡村发展的精神财富和资本，为乡村振兴提供方向保证、精神动力和智力支持。近年来，在国家政策的扶持下，中国乡村迎来了快速发展的新局面，向着现代乡村社会迈进。乡土景观是乡村内在社会、经济结构、生产方式的表现形式，也是内在文化的外在表现。在快速城镇化、乡村旅游和乡村转型变革背景下，传统村落处于多元主体交杂调控的转型发展期，面临着更新改造与传承保护的双重压力。在这个过程中，由于保护体系不完善，一些传统村落偏离乡村振兴的价值初衷，遭受来自建设、开发、旅游等方面的负面影响，许多极具价值的乡土景观正遭到不同程度的破坏，有的甚至消失殆尽，出现了"千村一面、万村一貌"的景观同质化现象。乡土文化弱化危机引起了国家和社会各界的广泛关注，保护传统村落乡土景观和传统文化迫在眉睫。

（三）景宁地区畲族传统村落乡土景观与文化传承研究价值显著

少数民族文化是源远流长的中华民族文化的重要组成部分。少数民族传统村落的发展是乡村建设的重要部分，但与普通乡村地区不同的是，其民族性更强。乡村是文化的载体，文化是乡村存续发展的思想根基和内源动力。少数民族文化有着独特的文化内核,在历史发展的长河中不断演变、发展,是中华文化历久弥新、始终焕发着生命力的重要原因,具有极高的社会、经济和文化价值。

目前,浙江省景宁县是全国唯一的畲族自治县。县内畲族传统聚落大多地处环境资源丰富、交通不便的偏僻山区,总体保留着较高的原真性与完整性,是少数民族文化中不可多得的基因宝库。景宁地区畲族传统村落在历经历史长河的洗礼后,仍保持着较为鲜明的民族特色,文化保护与景观利用研究价值极高。这些村落中有许多被评为省级和国家级传统村落,其中蕴藏了丰富的文化景观基因,具有较高的研究价值。

在城镇化发展、旅游业开发、村民现代生活需求的转变、外来文化冲击等多重因素的影响下,景宁地区畲族传统村落处在快速变革中,乡土景观和民族文化都在发生不同程度的变化。一些村落的原真性遭到不同程度的破坏,如人口流失导致的建筑空置和凋敝,村落更新中破坏式的修建使得村落景观的尺度、材料和结构形式发生变化,外来强势文化的影响造成村民畲族文化的淡化使得非物质文化的存续受到威胁。

在践行少数民族传统村落乡村振兴和共同富裕的使命中,如何平衡乡土文化的传承保护与村落更新发展之间的关系成为近年来学术界关注的热点问题。

二、研究意义

(一)理论价值

景观基因理论认为,景观基因是景观的基本“遗传”单元,其既是地域文化的内核因子,又是各类地域文化景观差异化的根源所在;景观基因是景观能够保持独特性并代代相传的决定因子,涵盖了物质文化景观基因和非物质文化景观基因。中国知网及万方数据库相关文献资料显示,国内学术界对浙江景宁地区传统畲族村落的研究成果大多集中在传统民居建筑、村落空间形态与结构、传统服饰、民间技艺等方面,基于畲族传统村落景观基因的系统化研究成果甚微。

景观基因对于少数民族传统村落文化的保护与传承研究具有重要意义。景观基因承载着物质空间与社会文化互动演化模式的空间信息,在地域文脉的传承与活化中起着关键作用。村落空间是其传统文化的物质载体,在长时间自然—人—空间互动的演化过程中形成了稳定而富于地域性的整体结构和形态,是族群在人地关系中形成的空间营造智慧的结晶。因此,厘清景观基因结构及其内在生成机理是少数民族传统村落地域文脉得以延续的关键所在。

本书借鉴景观基因相关理论和方法,以浙江景宁地区畲族传统村落作为研究对象,对村落中的景观基因进行识别、提取,建立景观基因谱系,并在此基础上构建景观基因图谱,以厘清畲族传统村落景观基因的空间特征、排列结构、内在机理及形成规律,解析村落外在表征与文化内涵之间的联系。本书基于自然和社会科学融合的视角解析景宁地区畲族传统村落的文化景观特征,进一步丰富畲族传统文化的理论研究,为畲族地区乡村振兴和共同富裕建设过程中景观基因的活化和修复提供理论依据,同时也为后续少数民族聚落区系划分等相关研究奠定一定的基础。

(二)实践价值

景观基因蕴含着地域发展过程中的地理环境、历史文化及艺术价值等多种信息,对乡土景观风貌起决定作用,是乡土景观遗传和变异的基本单位。本书通过识别民族乡土文化景观基因,构建可视化景观基因图谱，一方面加深人们对少数民族文化的认识，有助于增强民族文化自信和认同感，促进乡村文化复兴；另一方面通过对畲族传统村落文化景观基因的系统研究，为畲族传统村落规划设计提供了大量创作素材，提高了景观基因在景观形式中表达和应用的效率。同时，对于畲族传统村落景观基因的梳理有助于辩证地看待景观基因的流变，把握文化景观关键因子，从宏观和微观层面相结合的视角为村落景观基因流变过程中文化景观的保护、修复与利用提供科学依据和技术支撑。此外，本书还对畲族地区乡村景观设计案例进行了分析，开展了相关设计实践，对现代化社会发展背景下的畲族传统村落中的文化景观基因转译模式进行了探索，为文化基因传承的技术实现路径和畲族地区民族文化传承提供可实际操作的策略方法，以更好地服务于畲族地区乡村建设，助推少数民族乡村振兴和共同富裕。

三、研究对象

浙江省景宁县是畲族迁入浙江最早的聚居地。得天独厚的地理环境为景宁地区畲族传统村落提供了丰厚的自然环境资源，是畲族村落文化景观形成的物质基础。村落的物质文化景观是长时间人与自然环境互动形成的，主要体现在选址布局、建筑景观和环境景观上，是原住民的世界观、民俗信仰、风俗习惯、宗族文化等众多文化的沉积，客观真实地反映了聚落的时代特征和民族文化特质，具有极高的研究价值。此外，景宁地区畲族传统村落的非物质文化景观也具有极高的文化和学术价值，如畲族民歌、畲族三月三传统节日、畲族婚俗已被列入国家级"非遗"项目名录，亟须进一步加强保护和传承发扬。

由于地处地形复杂的偏僻山区，受到的外界干扰较少，景宁地区畲族传统村落的整体风貌相对省内其他畲族地区保存得更为完好，景观基因较为稳定，从中挑选典型的村落作为调研样本，更具有原真性和民族特性。

四、研究内容

(一)相关理论与研究方法

景观基因理论是本书的重要研究方法。本书结合国内外相关文献，对文化景观基因理论的发展历程、研究进展及热点问题进行了系统的梳理，重点关注景观基因识别、提取、编码及图谱构建的方法，为后续实践研究的开展奠定理论基础。

(二)景观基因识别与图谱构建

文化景观基因附着在乡村物质与非物质空间中，识别提取文化景观基因是乡村文化保护传承的前提。本书采取元素提取、图案提取、结构提取和含义提取等景观基因的提取方法，对浙江省景宁地区典型的畲族传统村落文化景观基因进行识别与提取；运用类型学和符号学原理，对所提取的基因进行编码，构建畲族村落文化景观基因信息库，解析文化内涵；在此基础上，通过"胞—链—形"结构分析方法，从二维和三维两个层面构建文化景观基因相应的可视化图谱，基于宏观和微观相结合的视角对景宁地区畲族传统村落文化景观进行系统的研究，解析文化景观形成的规律。

(三)景观基因流变与保护

本书通过文献查阅和实地调研，从建筑景观、环境景观、选址布局、习俗特征、宗族特征、文化艺术等方面分析了景宁地区畲族传统村落景观基因流变的现状，并结合产业发展、村民生活方式转变及文化保护现状等方面探讨景观基因流变可能形成的影响因素。基于完整性、原真性和可持续性原则,本书针对景宁地区畲族传统村落中的物质文化景观和非物质文化景观提出行之有效的景观基因保护策略。

(四)景观基因的应用

本书对于景观基因应用的研究主要围绕景观基因转译和旅游业开发两个方面展开。在景观基因转译实践中,本书主要通过设计实践案例探讨畲族文化景观基因凝练、植入的普适方法,探索如何将载有地域文化符号的元素植入承载现代功能的村落空间环境中,从而加强文化基因景观表达的路径,延续地方文脉。在旅游业开发方面,目前景宁地区畲族传统村落正大力发展旅游业。本书选取景宁地区畲族旅游村落进行实地调研,剖析村落面临的问题与挑战,基于文化景观基因理论探讨村落旅游业发展中文化传承的路径和旅游业发展的策略。

(五)总结与展望

在总结前文的基础上,本书探讨了乡村共同体模式下景宁地区畲族传统村落乡土景观营建与文化基因传承融合发展的对策。

五、研究方法

(一)文献查阅法

通过广泛查阅和整理国内外相关书籍、期刊及硕士、博士论文,了解畲族的历史沿革与演变,对景宁地区畲族传统村落相关历史文献、地方志、会议记录、新闻报道及规划资料等进行收集整理与归纳分析,以熟悉研究范围内自然、社会、人文环境等方面的现状。掌握国内外与本书研究相关领域的进展情况,收集关于景

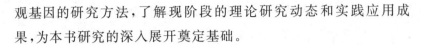

观基因的研究方法，了解现阶段的理论研究动态和实践应用成果，为本书研究的深入展开奠定基础。

(二)田野调查法

选取景宁地区较为典型的畲族传统村落，运用实地勘测、问卷调查、深度访谈、图纸绘制、无人机拍摄等方法，重点记录分析自然环境、村落布局、乡土建筑、文化遗迹、服装服饰、耕作方式、风俗习惯等显性和隐性要素，以获取畲族村落的第一手研究资料。在此基础上，利用特征解构提取法对乡村文化特征进行类别划分，建立文化基因识别指标要素。

(三)归纳对比法

本书以景宁地区畲族传统村落文化景观作为主要研究内容，识别提取对景宁地区畲族传统村落文化景观的形成起关键作用的景观基因，建立相应的信息库和图谱，并探寻畲族村落文化景观表征背后蕴藏的文化内涵。整个过程需要对相关研究要素、指标进行反复对比推敲、分析归纳，基于更为全面、系统和发展的视角，厘清各景观基因的性状特征以及相互间的关系，从而推导出景宁地区畲族传统村落景观基因的类别，并归纳整合形成景观基因识别体系。

(四)学科交叉分析法

景宁地区畲族传统村落文化景观基因的分类识别、信息提取、图谱绘制等，其因子复杂、类型众多，需要类型学、符号学、风景园林学、文化地理学、民族文学、社会学等多学科知识的融合和多技术层面的支持。因此，本书采用多学科交叉融合的方式，以自然科学与社会科学相融合的综合性研究方式，探究景宁地区畲族乡土景观营建与文化保护的模式和方法。

六、技术路线

本书研究的技术路线如图 1-1 所示。

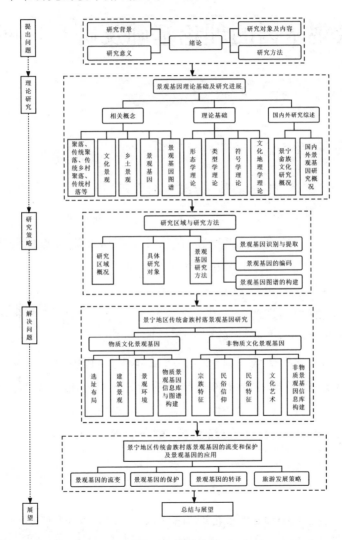

图 1-1 技术路线

第二章

景观基因的理论基础及研究进展

▼▼▼▼▼▼▼▼▼▼▼▼▼▼▼▼▼▼▼▼▼▼▼▼▼▼▼▼▼▼▼▼

一、相关概念

(一)聚落、传统聚落、传统乡村聚落、传统村落的概念及关系

聚落是人类在适应并改造自然环境中所形成的各种形式的聚居地的总称,一般分为乡村聚落和城市聚落。乡村聚落即"村落",是指位于城市以外的乡村地区,以农业人口为主,长期生活居住、繁衍生息,生产生活方式以农耕为主的一类聚落。[①] 传统聚落一般指具有悠久历史和显著文化特征的古城镇、古村落,包括传统城镇聚落和传统乡村聚落。2012 年 4 月,国务院有关部委联合发布了《关于开展传统村落调查的通知》,明确提出了"传统村落"的概念:指形成较早,拥有较丰富的传统资源,具有一定历史、文化、科学、艺术、社会、经济价值,应予以保护的村落。[②] 本书认

[①]　向远林.陕西传统乡村聚落景观基因变异机制及其修复研究[D].西安:西北大学,2020:9.

[②]　住房和城乡建设部,文化部,国家文物局,财政部.关于开展传统村落调查的通知[EB/OL].[2012-04-23].https://www.mohurd.gov.cn/gongkai/zhengce/zhengcefilelib/201204/20120423_209619.html.

为传统乡村聚落和传统村落是等同的概念,前者倾向于学术化的术语表达,后者倾向于行政化的语言表述。

本书所指的传统村落需具备以下条件:村落具有悠久的历史和鲜明的地域特色,整体空间格局保存完整,历史风貌保持较好;村落保留相对完整的建筑风貌,建筑具有一定的美学价值和应用价值;村落保留着具有鲜明特色的传统文化与传统生产生活方式,拥有较为丰富的非物质文化遗产资源,并仍以活态延续。

(二)文化景观

文化景观(cultural landscape)一词源于西方。1925 年,美国地理学家卡尔·奥特温·索尔在其所著的《景观的形态》(*The Morphology of Landscape*)中认为,文化景观是人类文化作用于自然景观的结果。1927 年,索尔进一步明确了文化景观的内涵,首次定义了文化景观,即"附加在自然景观上的人类活动形态"[①]。他认为,文化景观是由特定的文化族群在自然景观中主观能动塑造的文化形态,文化是景观发展的内因,自然是文化的媒介受体,文化景观是人文与自然相互作用呈现的结果。这一内涵阐述成为"文化景观"的经典释义。而后,对于"文化景观"的研究领域从地理学科逐渐拓展到人类学、社会学、历史学和民俗学等哲学和社会科学的领域,"文化景观"的内涵随着研究领域的拓展而不断地得到创新和调适。1992 年,联合国教科文组织世界遗产委员会第 16 届会议将世界遗产分为自然遗产、文化遗产、自然与文化复合遗产和文化景观。文化景观被表述为"自然与人类的共同作品",正式纳入《世界遗产名录》。

---

① 单霁翔.文化景观遗产的提出与国际共识(一)[J].建筑创作,2009(6):143.

　　单霁翔认为文化景观是自然与人类创造的共同结晶,反映区域独特的文化内涵。这种观点强调了人与生存环境之间一种无法割舍的精神联系。① 王云才等认为地域文化景观是基于特定的地域文化与地理环境条件形成的,是人类活动历史的记录和文化传承的载体,具有重要的历史文化价值。②

　　综合以上研究,本书认为"文化景观"是自然与人类智慧的共同结晶,是特定文化族群为了满足自身需求,与自然长期作用而形成的,能反映地域文化内涵与地理环境表征的复合产物。文化景观是人地相互作用的产物,反映了族群文化体系的特征和一个地区的地理特征,具有一定的空间性、功能性和时代性。文化景观按照物质属性可分为物质文化景观和非物质文化景观。

(三)乡土景观

　　有关乡土景观(vernacular landscape)的研究涉及不同的学科领域,如美学、风景园林、人文地理学、景观生态学、建筑学等,学科间的交叉使乡土景观研究呈现出多元化特征,各学科对于乡土景观概念和内涵的理解既有联系又有区别,迄今未形成一致的认识。基于各学科对乡土景观的概念梳理,本书将传统村落乡土景观定义为:"特定时期、一定区域内自然环境与人文因素长期互动作用下形成的相对稳定、兼具艺术性和社会性的乡村地域景观形态,包含自然、社会、文化3个层面。"本质上,乡土景观是一种文化景观,涵盖了地域的物质和非物质要素。乡土景观具有适应性的特点,为了自然环境、人的需求和时代发展,处于不断地变化发展

---

　　① 单霁翔.从"文化景观"到"文化景观遗产"(下)[J].东南文化,2010(3):8.

　　② 王云才,石忆邵,陈田.传统地域文化景观研究进展与展望[J].同济大学学报(社会科学版),2009,20(1):19.

中。乡土景观具有极为重要的现实研究意义,对它的深入研究,将有助于缓解当前紧张的人地关系、保护和延续乡土文化、保护脆弱的生态环境等。[①]

(四)景观基因

景观基因理论是受生物基因遗传学启发,在文化基因假说基础上发展而来的。景观基因概念是我国学者刘沛林在长期从事乡村传统聚落文化特征研究的实践中提出的,他认为景观基因与生物基因一样具有复制、变异和选择等特点。一方面,景观基因作为文化景观的基本"遗传"单元,促使景观能代代相传,并保持其独特性;另一方面,当受到外部因素影响时,景观基因可发生变异,形成新的景观基因以更好地适应环境变化。景观基因是文化景观所具有的特征因子,是其区别于其他文化景观类型的本质,对区域文化景观的形成和发展起到至关重要的作用。通过对区域文化景观的基因识别与分类指标体系的构建,可以对区域文化景观进行系统的梳理与分析,以研究其深层次的文化内涵与区域表征形成的规律,为文化景观的保护与发展提供依据。

(五)景观基因图谱

景观基因图谱的构建思路来源于对生命科学领域基因组图谱理论方法的借鉴,以科学图解的形式研究景观基因的组成、结构、形式,从而更加直观地反映景观基因的逻辑性和有序性。"景观基因图谱"概念的提出得益于"地学信息图谱"的启示。1997年,生态学家马俊如院士提出地学研究领域的图示化表达问题,而后陈述彭院士编写了《地学信息图谱探索研究》一书,为景观基

因图谱的研究拉开了序幕。景观基因图谱根据文化景观构成的内在逻辑关系对文化景观进行解构，通过直观的图像表现形式对文化景观的内部结构和空间进行解析，有助于从宏观和微观层面研究文化景观的外在表征及其形成规律。同时，通过文化景观基因图谱的构建，可以分析文化景观在时间和空间维度上的关联性，从而形成完整的地域文化历史信息图谱，客观地反映该地域景观基因在不同时间呈现出的结构关系和空间规律。文化景观基因图谱为文化景观特征研究提供了新思路，目前被广泛应用于传统聚落文化景观研究中，对于传统聚落景观数字化等方面的研究具有重要作用。

二、理论基础

(一)形态学理论

不同的环境条件下，村落有着各自不同的形态和空间组织结构。本书应用形态学理论，研究浙江景宁地区畲族传统村落的平面形态及其空间组织结构形式，将村落作为有机体，按照"胞—链—形"3个层次，从局部到整体分析文化景观的内部结构、外在表征与村落形态、空间组织结构与环境间的密切关系，推演村落景观的形成规律和发展逻辑及其外在表征隐含的文化内涵。

(二)类型学理论

类型学是对研究对象的表象要素间的差异性进行归类分组的理论体系。本书借鉴类型学理论，对浙江景宁地区传统畲族村落的文化景观基因信息进行梳理分类、分级，按照物质属性，将研究区域的景观要素分为物质与非物质景观基因两大类。物质景观基因可进一步分为选址布局、建筑景观、环境景观3个方面；非物质景观基因可进一步分为宗族特征、民俗信仰、民俗特征、文化艺术 4 个方面。在此基础上，进一步解构至景观基因符号层，再进行筛选、提取和编码，构建浙江景宁地区畲族传统村落文化景观基因信息库。

(三)符号学

法国文学家、哲学家罗兰·巴特于 20 世纪 70 年代首次提出了文化符码学说(culture code)，其核心思想是将文化学引入符号学研究，从文化的角度分析符码的系统性和结构性特征。[①] 文化符号是长期沉淀下来的文化精髓，是人们普遍认同的文化表征高度凝练的表征形象，是文化信息保存、理解、传播和发展的重要形式和载体。本书引入符号学原理，认为浙江景宁地区畲族传统村落景观的外在表征和地域文化存在内在联系，地域文化的传承是通过地域文化符号得以传播和发展的。本书借助符号学探寻浙江景宁地区畲族传统村落文化在景观形式中的表达路径和机制。

(四)文化地理学

文化地理学是研究文化与地理环境之间关系的学科。浙江景宁地区畲族传统村落文化景观是一类地表文化现象的复合体，地域自然环境、文化环境和社会环境的显著差异性造就了传统村落文化景观显著的区域化特征。本书以文化地理学为理论依托，探讨景宁地区畲族传统村落中人类文明与自然景观之间相互作用的关系，探索村落景观现象的驱动力，以及选择和演变的规律，有助于了解浙江景宁地区畲族传统村落的文化源流以及村落生产生活中协调人地关系的传统生态智慧。

---

① 冯明兵.基于地域文化符号的列车涂装设计研究[J],包装工程,2023,44(4):353.

三、文献综述

（一）景宁畲族文化研究概况

畲族曾经是我国南方的游耕少数民族，先民祖居于闽、粤、赣三省交界地区，遂向北迁徙至浙、闽、赣、粤、黔等省。浙江省景宁县是畲族迁入浙江最早的聚居地。据史料记载，唐永泰二年（766年），畲族一支从福建罗源徙居景宁，开畲族入迁之先路。[①] 目前，景宁畲族自治县是全国唯一的畲族自治县，县内传统畲族村落民族特色鲜明，保留着丰富多彩的文化遗产，是畲族传统文化的重要载体，具有极高的学术研究价值。伴随着工业化、城镇化、农业现代化、旅游业开发的迅速发展，畲族传统文化景观的存续正面临着前所未有的挑战，如何更有效地进行乡土文化景观的保护更新，传承民族文化、延续地方文脉，成为亟须探究的课题。为此，国内学术界对景宁传统畲族聚落文化开展了大量的研究工作，在畲族传统民居建筑、村落空间形态与结构、传统服饰、民俗文化等方面取得了大量的研究成果。

在民居建筑方面的研究主要集中在民居的起源、演变、空间布局、装饰特点、建造习俗、居住文化、保护与更新等。蓝法勤在《浙西南畲族传统民居研究》中提出，浙西南畲族传统民居经历了草棚、草寮、泥寮、瓦寮、砖寮的发展演变过程，认为民居形态与地理位置有关，位于高山和平原的民居，在建造方式上有所不同，主要有"一字形"、"一颗印式"、"H"形、"口"形、走马寮等。[②] 陈海红

---

① 柳意城，景宁畲族自治县志编纂委员会.景宁畲族自治县志［M］.杭州：浙江人民出版社，1995：101.

② 蓝法勤.浙西南畲族传统民居研究［J］.南京艺术学院学报，2011（2）：73-75.

分析了景宁畲族传统民居在空间形态、建造材料和构造措施方面对当地气候的适应所采取的朴素措施,总结了畲族传统民居的被动式绿色建筑技术经验。① 毛克明对景宁东弄畲族传统村落黛瓦屋面材料、构造、坡度及形式等方面进行了实地考察和测绘,全面分析了黛瓦屋面的营造特点。② 蓝法勤通过对浙江景宁畲族传统民居卷草凤凰纹装饰的样式、寓意、雕刻手法进行系统研究,提出卷草凤凰纹体现了畲族传统"崇凤"习俗,体现了畲族的宗族信仰和图腾崇拜,是符号艺术、民族文化与民居建筑的紧密结合。③

在村落空间形态与结构研究方面,兰晓萍等在《浙南山区畲族村落居住文化探究》中总结了畲族村落的基本特征,对民居建筑的发展及其成因进行了讨论。④ 蓝法勤在《浙西南畲族村落与居住文化》中分析了畲族村落的选址特点,提出空间布局依山就势布置,主要有等高线、团块状、带状、核心式等几种不同的布局形式。⑤ 王在书和李超楠在对景宁地区畲族传统村落空间形态特征调研分析中指出,景宁地区畲族传统村落布局大致有山谷平地型、山谷山地型、半山腰型 3 种类型。⑥ 任维等采用田野调查的方法,选取大张坑村、东弄村典型传统畲族聚落代表,从景观格局、

---

① 陈海红,洪艳,沈秋燕.景宁畲族传统民居被动式绿色建筑技术研究[J].浙江建筑,2013,30(1):51.

② 毛克明,柳锐,陈秋美,等.浙西南地区传统村落黛瓦面营造技术研究[J].建筑技术开发,2019,46(21):31.

③ 蓝法勤.浙江景宁畲族传统民居卷草凤凰纹装饰研究[J].设计艺术研究,2013(1):97.

④ 兰晓萍,兰颐宗,雷阵鸣.浙南山区畲族村落居住文化探究[J].文史杂志,2002(5):39-41.

⑤ 蓝法勤.浙西南畲族村落与居住文化[J].文艺争鸣,2011(8):108-109.

⑥ 王在书,李超楠.景宁地区畲族传统村落空间形态特征解析[J].遗产与保护研究,2017,2(1):46-57.

聚落形态与土地利用方式 3 方面，研究和归纳了景宁地区畲族传统聚落乡土景观的空间结构特征与核心要素，提出畲族顺应山形地势构建的"林—寮—田—水"垂直分布的复层空间结构系统，形成了独具畲族特色的空间结构特征。①

对传统服饰的研究，主要集中在服饰、彩带的图案，以及染织、刺绣等工艺方面。周谨蓉对景宁畲族服饰图案的文化内涵、审美价值进行了阐述，将图案题材大致分为植物花卉、动物、汉字符号、织带组合 4 类。② 徐健超对景宁畲族彩带的功能、材料、工艺特点及纹样特色等方面进行了分析，结合彩带纹样的造型和畲族口传的纹样释义，将其分为图案带、符号带、字带 3 类。③ 吴微微和汤慧对浙江畲族彩带的民俗文化和染织技术等进行了较为详细的探讨，提出彩带织造工艺的广泛应用前景，可应用于织物设计，或与刺绣、印染等工艺结合等。④

对民俗文化方面的研究，主要体现在民间故事、山歌、舞蹈、习俗等方面，这些在《浙江景宁敕木山调查记》《畲族民间艺术研究》《浙江畲族史》《景宁畲族志》《生态美学视野下的畲族审美文化研究》等书中都有较为充分的分析和研究。

综上所述，目前对于景宁地区畲族传统文化虽有众多研究涉及，但大多数研究侧重于单个文化类型的探讨，在研究的广度和深度上还存在一些不足。为了更好地保护民族文化，使畲族文化

---

① 任维,张雪葳,钱云,刘通.浙西南少数民族地区乡土景观研究——以景宁县环敕木山地区传统畲族聚落景观为例[J].浙江农业学报,2016,28(5):808.

② 周谨蓉.景宁畲族服饰纹样中蕴含的文化与审美[J].大舞台,2013(1):265.

③ 徐健超.景宁畲族彩带艺术[J].装饰,2005(4):104.

④ 吴微微,汤慧.浙江畲族传统彩带的民俗文化与染织技术[J].浙江理工大学学报,2006,23(2):162.

景观的保护与更新协调发展,需要搭建更为系统的研究框架,对畲族文化进行全面的剖析。本书以景宁地区畲族文化景观作为切入点,所进行的研究涵盖了物质文化景观和非物质文化景观两大方面,从整体上厘清浙江景宁地区传统畲族村落文化景观的景观结构、成因及形成规律,以更为全面地解析景宁地区畲族文化景观的总体特征,更好地为浙江景宁地区传统畲族村落文化保护与传承工作提供参考和借鉴。

(二)景观基因研究概况

1. 国外研究概况

基因属于生物遗传学的概念,是生物遗传信息的载体。基因通过复制把遗传信息传递给下一代,使遗传特性得以在代际中延续。这种延续具有相对性,在一定的内在和外在环境的影响下,基因可能会发生突变,进化出全新的个体以适应环境变化。文化的传承与传播存在一定的相似性,即文化在传承、传播过程中既保持着自身的个性特点,又会因环境变化而产生一定的变异,以获得更好的传承或传播。社会科学领域的学者们将文化传承和生物遗传进行了类比,发现了两者之间的共性,并衍生出"文化基因"学说。1952 年,美国人类学家克罗伯和克拉克率先提出"文化基因"假说及其原始概念,认为地域文化产生于不同地域的环境,有着与生物学中类似的遗传基因,地域文化特征的显著性在于文化基因的积累和发展。1976 年,英国学者理查德·道金斯在其所著的《自私基因》一书中首次明确文化基因的概念(又称"模因""谜米"),提出文化基因是文化复制和传递的基本单元。布莱克摩尔在其所著的《谜米机器》一书中提出,文化基因在作用和功能上与生物体中的遗传基因具有相似性。国外学术界对文化基因的内涵和外延进行了众多研究,并在此基础上产生了大量的成果。

美国学者泰勒开了将"基因"概念引入聚落研究的先河。他应用基因分析的方法，从不同的聚落形态中提炼核心基因，以探究聚落的空间形态特征。英国学者康泽恩进一步将基因概念引入城镇聚落的历史景观形态和空间布局的规律中。他认为传统城镇景观的形成存在特殊的格局基因，通过建筑、街道和土地利用三者的相互作用，形成了具有差异性的城市景观细胞，这些细胞组成了城市景观单元和区域，并构成了城市景观的等级体系。

简而言之，国外学者较早将生物学基因的概念延展到社会科学研究中，提出了文化基因的概念和文化假说，并尝试将基因的研究方法运用到聚落空间中，进行了早期景观基因研究探索，为后续文化景观基因理论研究的开展奠定了基础。但在基于景观基因识别提取及图谱方面的研究，国外学者尚未提出较为完善的理论体系。

2. 国内的研究概况

国内学者将文化基因理论引入城乡文化的起源、发展、传承与延续等方面的研究，为该理论在实践中的应用提供了全新视角。刘沛林在乡村传统聚落文化特征研究实践中首次提出景观基因概念，即控制某种文化景观代代传承而区别于其他文化景观特征的基本传承单元，是区域文化特征的主导识别因子。[①] 近年来，国内景观基因研究呈现出多元化的趋势，逐步形成了较完备的理论框架。其发展进程主要分为 3 个阶段：理论发展阶段(2003—2009 年)，该阶段文化景观基因概念被提出，研究主要集中在"传统村落""文化景观"；理论体系构建阶段(2010—2015 年)，提出了"景观基因识别"

---

① 刘沛林.古村落文化景观的基因表达与景观识别[J].衡阳师范学院学报：社会科学，2003，24(4)：1.

"景观信息链""景观基因图谱"等概念和理论;实践探索阶段(2016年至今),从 2016 年开始学者们侧重于景观基因的实践应用研究。国内关于景观基因分为 3 个主要研究领域:景观基因识别与分类、景观基因图谱构建与表达、景观基因的实践应用。

(1)景观基因识别与分类

景观基因涵盖了地域内的物质景观基因和非物质景观基因,体系庞杂,景观基因识别是一个技术性和综合性都很强的系统过程。为了能够准确识别和提取景观基因,刘沛林开创性地提出景观基因识别的 4 个原则[①]:①内在唯一性原则,即在内在成因上为其他聚落所没有的;②外在唯一性原则,即在外在景观上为其他聚落所没有的;③局部唯一性原则,即某种局部的、但是关键的要素为其他聚落所没有的;④总体优势性原则,即其他聚落有相似的景观要素,但本聚落的该景观要素尤显突出。在此基础上,申秀英等探讨采用元素、图形、结构、含义等提取方式对传统聚落景观基因进行提取。[②] 胡最等在湖南省传统聚落景观基因的提取工作中,发现上述提取方法对于特殊的文化景观基因无法做到有效提取,从而提出解构提取法和二维、三维、结构、视觉与感知等景观基因识别模式。[③] 解构提取法通过对传统聚落景观特征分类,建立详细的景观基因识别指标要素,将识别结果合并归类为环境、建筑、文化和布局特征基因。在景观基因的分类方法方面,刘

---

① 刘沛林.古村落文化景观的基因表达与景观识别[J].衡阳师范学院学报:社会科学,2003,24(4):1-2.

② 申秀英,刘沛林,邓运员,等.景观基因图谱+聚落文化景观区系研究的一种新视角[J].辽宁大学学报(哲学社会科学版),2006,34(3):145.

③ 胡最,刘沛林,邓运员,等.传统聚落景观基因的识别与提取方法研究[J].地理科学,2015,35(12):1520.

沛林提出了"二分法"，即根据重要性与成分、物质形态表现形式进行分类。但是，"二分法"在实践中缺乏普适性。学者们在后续研究中不断完善景观基因的分类体系，形成了包括重要性与成分、物质形态表现、特征解构、空间分析尺度、文化内涵、聚落空间形态、表达与描述方式、提取方式等8种分类标准（见表2-1）。胡最提出了面向对象的景观基因分类模式（OOCPLG），该分类模式的特点在于建立传统聚落属性特征的类别标准，并细化为具体的指标体系，整体思路清晰、操作性强，易于与地理信息系统（GIS）结合实现流程化识别。

表 2-1　景观基因的分类标准

分类标准	分类结果
重要性与成分	主体基因、附着基因、混合基因、变异基因。
物质形态表现	显性基因、隐性基因。
特征解构	建筑基因、环境基因、文化基因、布局基因。
空间分析尺度	民居基因、街区基因、单一聚落基因、地方聚落基因、区域聚落基因、群系聚落基因。
文化内涵	单一要素基因、复合要素基因。
聚落空间形态	二维平面基因、三维正立面基因、三维侧立面基因。
表达与描述方式	符号基因、图形基因、文本基因。
提取方式	直接提取基因、间接提取基因。

其中，重要性与成分分类方法是目前应用较为广泛的分类方法。该分类方法将景观基因分为主体基因、附着基因、混合基因和变异基因。主体基因是景观基因中辨识度最高的基因类别，附着基因需要依附主体基因而存在。地域文化总是在不断发展和演变的，不断会有新的文化融入，从而产生混合基因。同时，景观基因在外部环境发生一定变化时会产生变异基因。变异基因的研究对于区域景观基因的历史演变因素研究具有重大意义。物

质形态表现分类法将景观基因分为显性基因和隐性基因,分别对应物质景观基因和非物质景观基因。从某种意义上来说,地域风俗文化、民间技艺、节庆习俗等非物质形态的文化因子对地域物质景观形式起着决定作用。该分类方法将非物质文化景观基因纳入景观基因的研究范畴,使整个研究体系更为系统和完善。空间分析尺度分类标准适用于不同空间尺度的景观基因研究,包括民居基因、街区基因、单一聚落基因、地方聚落基因、区域聚落基因、群系聚落基因。特征解构分类法对于聚落空间尺度的景观基因分类研究较为适用,可以将聚落景观基因系统地分为建筑基因、环境基因、文化基因、布局基因四大类。

(2)景观基因图谱的构建与表达

景观基因图谱受地学信息图谱的启发,以图谱的形式直观、清晰地反映景观基因的结构和形成规律,揭示其所蕴含的文化内涵,是一种行之有效的景观基因分析方法。申秀英等在聚落文化景观区系划分研究中,提出引入生物学的"基因图谱"概念,建立各个聚落景观区系演化过程和相互关联性的"景观基因图谱",对各聚落景观区系开展深层次的"文化基因"分析。[①] 刘沛林在古城镇景观基因的研究中,受生物学基因概念的启发,采用城市形态学和地图学中图示表达的相关思路,提出了"胞—链—形"的景观基因整体结构分析方法,以更全面的视角从 3 个层次系统地剖析了景观基因的内在组成结构,总结出古城镇景观基因的形成规律。[②] 此外,刘沛林结合"斑块—廊道"生态学范式提出的"景观基

①　申秀英,刘沛林,邓运员.景观"基因图谱"视角的聚落文化景观区系研究[J].人文地理,2006,21(4):109.

②　刘沛林,刘春腊,邓运员,等.我国古城镇景观基因"胞—链—形"的图示表达与区域差异研究[J].人文地理,2011(1):94.

因信息链"方法,更好地解决了景观规划设计中景观点、景观线与景观链的设计问题。① 此后,学者们基于景观基因信息链理论进行了大量实践研究,其中大多数研究集中于传统村落风貌特征方面。胡慧等对景观基因信息链进行了分析,提出了定量识别方法。他们以湖南省衡山县萱洲古镇为案例进行研究,提出其景观基因信息链在功能属性上属于传统商贸型,在形态结构上属于条状型结构,主要的景观信息廊道为过江码头巷—下河街,其整体格局受到地形、河流、宗教思想及生活习俗等因素影响。② 李伯华等构建了上甘棠村景观基因信息链,并对其景观信息元、景观信息点、景观信息廊道和景观信息网络四要素的风貌特征进行了解析。柯月嫦等基于景观基因链理论,以大理喜洲古镇为例,设计了符合各层次学生兴趣和需求的研学旅行线路,为学校教师和研学旅行规划人员提供科学、高效的研学旅行线路设计新方法。③

为了提高景观基因图谱的研究效率,学者们开始利用 GIS 技术和数字化信息技术,探索景观基因信息可视化信息管理系统的开发工作。邓运员等探讨将 GIS 技术应用于南方传统聚落景观基因管理系统的构建,实现多源数据集成与管理。④ 胡最提出景观文化基因信息单元的概念,探讨其提取方法,建立了聚落景观

---

① 刘沛林."景观信息链"理论及其在文化旅游地规划中的运用[J].经济地理,2008,28(6):1035.

② 胡慧,胡最,王帆,等.传统聚落景观基因信息链的特征及其识别[J].经济地理,2019,39(8):216.

③ 柯月嫦,张震方,杨梅,等.景观基因链理论下的研学旅行线路设计研究——以大理喜洲古镇为例[J].地理教学,2022(22):53.

④ 邓运员,代侦勇,刘沛林.基于 GIS 的中国南方传统聚落景观保护管理信息系统初步研究[J].测绘科学,2006,31(4):74.

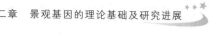

基因信息图谱的图谱单元模型，并分析其表现方法。① 胡最结合理论研究成果，设计了信息图谱的原型系统并进行了图谱数据库设计、图谱单元建模实验研究，进一步完善了传统聚落景观基因信息图谱的理论和技术问题。② 此外，胡最等还在研究中提出，结合 GIS 原理探讨景观基因的地理信息特征，对于延伸地理信息科学的内涵、深化传统聚落的地学认识、促进人文 GIS 的发展具有积极意义。③ 地理设计（Geo Design）技术与国内传统聚落景观基因理论的整合具有较好的前景，可以将 GIS 与地理规划紧密结合。

（3）景观基因的实践应用

目前，景观基因相关研究成果已成为研究传统聚落文化景观的重要方法，主要应用于传统聚落景观基因提取与分析、传统聚落景观区系划分、文化遗产传承与保护、旅游规划开发等领域（见表 2-2）。

表 2-2　国内关于景观基因的实践应用研究

应用方向	年份	代表人物	主要内容
传统聚落景观基因提取与分析	2010	刘沛林	从景观要素基因、景观总体基因、原始图腾基因、标志性建筑基因等方面对中国少数民族聚落景观基因进行识别和比较，分析聚落景观特征。

---

① 胡最，刘沛林，申秀英，等.传统聚落景观基因信息单元表达机制[J].地理与地理信息科学，2010，26(6)：96.

② 胡最.传统聚落景观基因的地理信息特征及其理解[J].地球信息科学学报，2020，22(5)：1084.

③ 胡最，刘沛林.Geo Design 与传统聚落景观基因理论框架的整合探索[J].经济地理，2021，41(8)：224.

续表

应用方向	年份	代表人物	主要内容
传统聚落景观基因提取与分析	2016	黄琴诗 朱喜钢 陈楚文	引入符号学的原理,提取文化符号,构建楠溪江古村落群景观基因信息链,借鉴 N 级编码理论,构建景观基因的派生模型,并探讨以景观基因的方式寻求文化传承与时代发展的结合点。
	2019	杨晓俊 方传珊 王益益	借助景观基因理论,对陕西省具有代表性的国家级传统村落景观基因进行识别和编码,构建出传统村落景观基因 DNA 模型与自动识别模型,以便于传统村落景观基因信息的有效传承与存储。
	2022	王成 钟泓 粟维斌	基于景观基因理论,构建桂北侗族传统聚落文化景观基因谱系,为桂北侗族传统村落文化保护与活化利用提供理论指导。
	2022	尹智毅 李景奇	从景观基因的提取和识别、基因图谱的构建、GIS 的应用 3 个方面总结了景观基因的研究方法和技术路径,以黄陂大余湾历史村落为例,对其景观基因进行识别,并构建图谱。
传统聚落景观区系划分	2006	申秀英 刘沛林 邓运员等	以地理环境、文化背景、建筑景观、建筑材质为区划因子,将南方传统村落划分为 8 个聚落景观和 40 个景观亚区。
	2021	郑文武 李伯华 刘沛林等	运用指标体系、聚类方法和景观基因识别方法,以湖南省 91 个传统村落为研究样本,研究结果表明湖南省存在 7 个传统村落景观群系,并构建了群系基因图谱。
	2022	林润泽 杨帆 张丹等	基于景观基因相似度理论,依照民居景观特征将闽江流域划分为九大景观区系。

续表

应用方向	年份	代表人物	主要内容
文化遗产传承与保护	2009	刘沛林刘春腊邓运员等	指出景观基因的完整性是保护和开发历史文化聚落的关键,提出可通过厘清古聚落的基因家底,准确定位其历史文化价值,充分利用展示景观基因和构建完整的景观基因体系等方法和措施,实现传统聚落的可持续发展。
	2017	王南希陆琦	结合乡村景观基因特性,识别文化景观基因在中国传统村落乡村景观中的形态,提出通过区域划分和景观控制实现传统村落乡村景观规划设计中继承景观基因的方法。
	2017	曹帅强邓运员	表明在共同基因和本土基因的作用下形成地方客家景观本质特性的主体基因。基于这些独特基因构成内在相关联的地域机制而所表达的特征,提出应加强客家文化景观基因的数字化保护管理、传承开发政策等对策。
	2018	林琳田嘉铄钟志平等	对土家族传统村落朝阳村的文化景观基因进行识别、挖掘和提取,并基于文化景观基因视角提出朝阳村的发展路径。
旅游规划开发	2008	刘沛林	提出文化旅游地规划的"景观信息链"理论,分别以南方王村古镇和北方碛口古镇为例,实证运用该理论并提出了 6 点有益启示,对当前的历史文化旅游地规划具有重要意义。
	2018	曹帅强邓运员	以靖港古镇为例,探寻古镇景观主体基因图谱,以基因信息的遗传线路和文化故事表达为图谱形态,尝试构建和运用"画卷式"旅游规划模式。
	2022	刘沛林刘颖超杨立国等	以张谷英村为例探讨了传统村落景观基因数字化传播路径的逻辑框架,包括数字化传播内容、数字化传播方式和数字化传播受众3 个部分。

在传统地域文化保护方面,景观基因理论具有重要的指导和借鉴价值。在乡村振兴和树立文化自信的大背景下,借助景观基因相关研究成果,聚焦各地传统村落文化景观的研究成果逐年增多。特别是湖南、陕西两省,目前已有有关学者尝试运用 GIS 技术建立湖南省传统聚落的景观基因数据库,但尚未推广至其他地区。景观基因识别方法仍需要进一步优化,建立识别技术标准化体系,统一研究尺度,特别是针对非物质景观基因识别建立技术规范。同时,可以借用计算机信息技术建立全国范围内具有权威性的"文化景观基因库",存储和管理全国各地特色景观基因,为地域文化的保护提供技术支持。目前,大多数应用研究集中在景观基因的识别提取与分类上,基于调研基础上的定性分析,总体研究成果更倾向地域文化保护层面;而在地域文化传承应用方面还不够深入,对于景观基因如何形成、如何演化的生成机制研究尚少,这些方面都有待进一步实践探索。同时,研究成果主要集中在单一的聚落形态,对于区域层面传统聚落景观基因的空间特征及区系划分的研究较少。区域层面传统聚落景观基因的空间特征对于传统聚落文化的保护与传承研究具有重要意义,需进一步深入研究。

第三章

研究区域与研究方法

▼▼▼▼▼▼▼▼▼▼▼▼▼▼▼▼▼▼▼▼▼▼▼▼▼▼

一、研究区域概况

景宁是浙江省唯一的民族自治县,也是全国唯一的畲族自治县。目前,我国的畲族人口主要集中分布于浙江和福建一带。景宁畲族自治县位于浙江省南部,处于浙闽两省交界处的深山之中,属丽水市,地理坐标位于东经 119°11′~119°58′,北纬 27°39′~28°11′,县域面积约 1950 平方公里。

(一)自然环境

景宁畲族自治县属中亚热带季风气候,雨量充沛、温暖湿润、四季较分明,一般春秋短而冬夏长。因境内地形复杂且海拔高度悬殊,气候垂直差异较大。县城年平均气温 17.5℃,海拔每升高 100 米,年平均气温约降低 0.59℃。1 月份为全年最冷月份,月平均气温 6.6℃;7 月份为全年最热月份,月平均气温为 27.7℃。平均初霜期为 11 月中下旬,终霜期为 3 月上旬。平均年降水量为 1542.7 毫米,年日照时数 1774.4 小时,但年平均日照百分率仅为 40%,为全省日照时数最少的县之一。

景宁县地处洞宫山脉,县域内地形复杂、地貌多样,地势由西南向东北渐倾。地貌以深切割山地为主,构成了"九山半水半分田"和"两山夹一水,众壑闹飞流"的地貌格局。境内山势险峻,全县海拔千米以上的山峰有 779 座,1500 米以上的山峰有 10 座,其中大漈上山头海拔 1689.1 米,为最高峰。县域内海拔高低悬殊,以低中山为主,占比达 75%(见表 3-1)。① 县域内 91.72%的山体坡度超过 25 度,仅 8.28%的山体坡度在 25 度以下,呈现出千皱万褶、峰峦簇拥的地理风貌。

表 3-1　景宁畲族自治县的海拔类型

序号	类型	海拔	占比
1	低丘	250 米以下	4.4%
2	高丘	250～500 米	20.6%
3	低山	500～800 米	34.5%
4	中山	800 米以上	40.5%

景宁县水资源丰富,水网密布,山涧水塘不计其数。境内水系主要有小溪、北溪两大干流。小溪发源于洞宫山脉,属瓯江水系,支流众多,自西南向东北贯穿全境,将县境分为南北两部分,形成两岸宽约 124.6 公里的狭长带。② 小溪具有典型的山溪性河流的特点,水流急、落差大;北溪发源于敕木山南麓,属飞云江水系。县域内土壤以红壤、黄壤、水稻土、潮土 4 种土壤为主,其中红、黄壤土占比相对较大,总体土壤结构较好(见表 3-2)。③

①　景宁畲族自治县人民政府.自然地理[EB/OL].[2023-5-22].http://www.jingning.gov.cn/art/2023/5/22/art_1376100_59057307.html.

②　柳意城,景宁畲族自治县志编纂委员会.景宁畲族自治县志[M].杭州:浙江人民出版社,1995:61.

③　景宁畲族自治县人民政府.生态环境[EB/OL].[2023-3-14].http://www.jingning.gov.cn/col/col1376101/index.html.

表 3-2　景宁县土壤类型

序号	类型	分布	占比
1	红壤	低山丘陵(海拔 750 米以下)	42.21%
2	黄壤	山地	45.59%
3	水稻土	山垄梯地	11.82%
4	潮土	溪岸滩地	0.38%

县域内植物覆盖较好,森林覆盖率高达 85% 以上,植物资源丰富,以针叶林为主,夹杂阔叶林和针阔混交林、竹林、灌丛、草甸等植被类型。植物的季相多样,四季色彩变化丰富。截至 2023 年,景宁县域内已知植物有 178 多科,691 多属,1552 余种,其中国家级重点保护植物 30 多种,包括伯乐树、南方红豆杉、银杏、马褂木、香果树、福建柏、厚朴等。[①] 针叶林以杉木、马尾松等针叶树种为典型代表,具有较高的生态价值和经济价值。

(二)人文环境

人文环境主要涉及景宁县的社会人口构成、政治经济发展、民族文化与民俗信仰文化等方面。

在社会人口构成方面,景宁县畲族人口的分布以农村人口为主体,具有大分散、小聚集的特点。2022 年末,全县户籍人口为 167178 人,其中城镇人口为 35468 人。在总人口中,少数民族人口 20211 人,畲族 18473 人,占少数民族人口数的 91.4%,占总人口数的 11.05%。[②]

---

① 景宁畲族自治县人民政府. 生态环境[EB/OL]. [2023-3-14]. http://www.jingning.gov.cn/col/col1376101/index.html.

② 景宁畲族自治县人民政府.景宁畲族自治县城市人口[EB/OL]. [2023-3-29]. http://www.jingning.gov.cn/art/2023/3/29/art_1376104_59053358.html.

在政治经济发展方面,回顾景宁县的历史发展,从隋代的括苍县管辖地,到明景泰三年(1452 年)设景宁县,后经多次撤并,最终在 1984 年 6 月 30 日由国务院正式批准以原景宁县地域建立景宁畲族自治县,辖 2 个街道 4 个镇 15 个乡、8 个社区、136 个行政村,成为全国第一个畲族自治县。景宁的畲族历史悠久,早在唐永泰二年(766 年)就有畲民从福建罗源北迁至景宁境内,陆续定居于此,迄今已有 1250 多年的历史。据有关书籍载,唐永泰二年(766 年),第一支畲民由福建迁入浙江:"雷进裕一家 5 口由福建罗源县十八都苏坑境南坑迁入浙江青田县鹤溪村大赤寺(今属景宁畲族自治县澄照乡),后居住叶山头村(今景宁畲族自治县鹤溪镇辖)。这是畲民迁入浙江最早的一支。"[①]在封建社会时期,畲族祖先为躲避战乱隐居于山林深处,几乎不与汉人交流,有很强烈的防御意识和族群意识。由于交通不便等原因,就连族群间也少有往来,甚至远房亲戚到访时都需要通过畲语以"对暗号"的形式来辨别和确认关系。随着社会的不断发展和现代文明的不断推进,畲族受到国家、政府和社会的重视,极大地增强了该民族的文化自信心。日渐完善的基础设施,如交通、电网等,打破了畲族聚落对外交流的壁垒,促进了畲族与其他民族之间的交流,畲民也从避世隐居走向开放融合。

在民族文化方面,景宁县作为浙江畲族的发祥地,其传统文化仍保留着鲜明的民族文化烙印。畲族三月三、畲族民歌、畲族婚俗、畲族彩带编织技艺已被列入国家级"非遗"项目名录。景宁畲族服饰具有浓郁的民族特色,其中女子凤凰装是畲族文化的标

---

① 浙江省少数民族志编纂委员会.浙江省少数民族志[M].北京:方志出版社,1999:9.

志性符号。景宁畲族山歌、舞蹈艺术和传统体育的创作多来源于本民族的农耕文化和宗教仪式。景宁调山歌属于五声音阶角调式,是畲族山歌中最富特色的一种。景宁畲族保留着木雕、彩带编织、刺绣、制茶等具有浓厚文化底蕴的传统技艺,彩带纹样更是被誉为畲族活着的"文物"。

在民俗信仰文化方面,景宁地区的畲族在长期社会发展过程中形成了具有地域特色的民俗信仰,信仰对象多元化,主要包括祖先崇拜、原始图腾崇拜、自然崇拜、民间多神崇拜等。畲族将祖先奉若神明,是一种族群根源意识的体现。原始图腾崇拜的主要对象为凤凰,反映了畲族"崇凤"的信仰文化。畲民还认为万物皆有神灵,将巨石、老树等自然物视为神灵的化身,认亲供香,以求吉祥。景宁畲族民间多神崇拜谱系中包括众多女神形象如汤夫人、马氏天仙、陈氏夫人、插花娘娘等,充分体现了畲族女性崇拜的思想观念。

二、具体研究对象

景宁县境内山形地势复杂,河流沟壑纵横,属于典型的九山半水半分田地区。众多畲族传统村落以"大分散、小集中"的形式镶嵌于"两山夹一水,众壑闹飞流"的地貌格局中。由于交通闭塞,村落受到外界环境的干扰相对较小,整体原真性保持较好,故本书选择此区域作为浙江畲族文化景观研究的地域范围。敕木山及环敕木山一带是景宁地区畲族传统村落的重要集中区域,也是本书选取研究对象的重点研究区域。景宁县畲族传统村落文化景观基因研究对象的选择主要基于村落规模、原真性、民族性及历史价值等因素的综合考虑。本书选择的典型畲族传统村落主要包括3类:第一类是浙江畲族"开基祖地",即畲族迁入浙江后最早定居下来的地点,包括包凤村(畲族雷姓"开基祖地")、金坵村(畲族蓝姓"开基祖地")、四格村(畲族蓝姓祖居地)及山外村(畲族钟姓"开基祖地")①;第二类是被评为国家或省级的畲族传统村落,包括东弄村、大张坑村、安亭村(下辖的上寮自然村)、岗石村(下辖的石圩自然村);第三类是畲族人口占比较高、畲族传统风貌整体保持较好的畲族村落,包括双后岗村、周湖村、惠明寺村等(见表 3-3)。其中,包凤村、金坵村、敕木山村、大张坑村、东弄村、双后岗村、周湖村、惠明寺村也是景宁县重点规划的环敕木山十大畲寨中的村落。调研样本村落的文化景观和民族文化特色具有较强的代表性,其物质和非物质文化景观保存相对较好,在布局选址、环境景观、建筑景观、文化艺术、宗族姓氏、传统习俗等方面各具特色,因此本书将其选定为景宁地区畲族传统村落文化景观基因的主要研究对象。

表 3-3　景宁地区畲族传统村落的名录

序号	自然村名	所属 行政村	所属 街道/乡镇	选样依据
1	上寮村	安亭村	渤海镇	安亭村为第五批中国传统村落,浙江省第五批"非遗"文化景区村。
2	包凤村	包凤村	鹤溪街道	畲族雷氏祖居地;列入浙江省第一批省级传统村落;环敕木山十大畲寨之"吉寨"。

---

① 景宁畲族自治县人民政府.民族文化[EB/OL].[2023-5-22].http://www.jingning.gov.cn/col/col1376105/index.html.

续表

序号	自然村名	所属 行政村	所属 街道/乡镇	选样依据
3	敕木山村	敕木山村	鹤溪街道	德国学者史图博的主要考察区域;列入浙江首批"农文旅"融合开发培育民族村,省级重点文化村落;环敕木山十大畲寨之"仙寨"。
4	大张坑村	北溪村	东坑镇	列入第五批中国传统村落;环敕木山十大畲寨之"红寨"。
5	东弄村	东弄村	鹤溪街道	列入第四批中国传统村落;环敕木山十大畲寨之"文寨"。
6	石圩村	岗石村	红星街道	列入浙江省第一批省级传统村落,第五批中国传统村落。
7	金垟村	金垟村	澄照乡	畲族蓝姓的发祥地;金垟村列入第五批中国传统村落;环敕木山十大畲寨之"喜寨"。
8	四格村	金垟村	澄照乡	畲族蓝姓祖居地。
9	山外村	包凤村	鹤溪街道	畲族钟姓祖居地。
10	双后岗村	张村村	鹤溪街道	环敕木山十大畲寨之"动寨"。
11	周湖村	敕木山村	鹤溪街道	环敕木山十大畲寨之"食寨"。
12	惠明寺村	敕木山村	鹤溪街道	环敕木山十大畲寨之"禅寨"。

注:包凤村、东弄村、金垟村现在因下山移民或村间合并,新村的区域范围发生了较大的变化,在景观基因的研究中,以老村原址作为研究对象。

在研究基因流变及旅游发展模式和发展策略中,本书主要以景宁县重点规划的环敕木山十大畲寨中的村落,如包凤村、金坵村、敕木山村、大张坑村、东弄村、双后岗村、周湖村、惠明寺村及重点建设的安亭村、岗石村等作为村落样本进行调研和分析,研究景宁地区传统畲族村落景观基因传承、变异、消亡的真实情况。在此基础上,本书还探讨了基于景观基因视角传统畲族村落旅游发展的策略,以期为未来少数民族传统村落的旅游开发提供理论参考。

三、景观基因的研究方法

不同地域的乡土景观多姿多彩,具有各自独特的魅力,其根本原因在于决定景观形成的景观基因不同。本书采用"景观基因分析法"研究景宁地区畲族传统聚落景观的内在成因、外在表达特点和规律,以更系统、科学的方法进一步探索畲族文化景观的特征。研究资料主要来源于以下两方面工作:(1)文献资料收集。广泛查阅与畲族文化相关的文献,对景宁地区畲族传统聚落相关历史文献、地方志、新闻报道及规划资料等进行收集整理与归纳分析。(2)田野调查。研究团队运用实地调查、问卷调查、深度访谈、实地测绘等方法,获取聚落自然环境、聚落布局、聚落建筑、风俗习惯、文化技艺、民俗信仰等物质和非物质文化要素的图文资料。

(一)景观基因识别与提取

景宁地区畲族传统村落文化景观研究以景观基因识别与提取为出发点,根据相应的识别流程,提取出决定文化景观特征的景观基因。景宁地区畲族传统村落在村落选址与布局、民居建筑、农业生产及人文特色等方面具有鲜明的特色,充分体现了畲族人民在山地环境营建方面长久以来积累的生态智慧。畲族传统村落景观形成的影响因子是复杂的,在进行景观基因识别时需要有明确的标准体系。本书遵循刘沛林景观基因理论的分析方法,应用景观基因识别的 4 个原则进行景观基因的识别(见图 3-1):(1)内在唯一性原则;(2)外在唯一性原则;(3)总体优势性原则;(4)局部唯一性原则。同时,依照胡最等学者提出的特征解构提取法,对所研究聚落的景观基因特征进行分类提取。先按照物质属性,将研究区域的景观要素分为物质与非物质景观基因两大类。再从选址布局、建筑景观、环境景观、宗族特征、民俗信仰、习俗特征、文化艺术等多个层面进行识别,通过运用元素提取、图案提取、结构提取、文本提取等方法进行相对应的聚落文化景观基因的提取,构建景观基因识别指标体系(见图 3-2)。

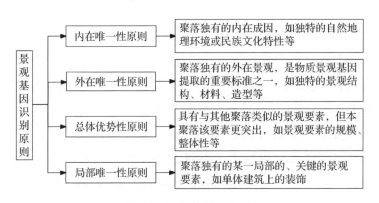

图 3-1　景观基因识别原则

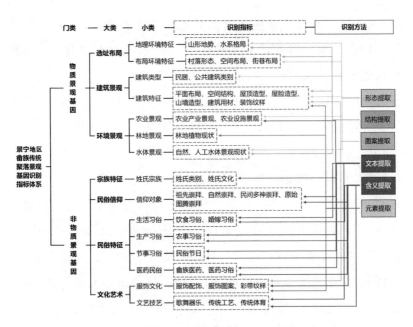

图 3-2　景宁地区畲族传统聚落景观基因识别指标体系

（二）景观基因的编码

本书对景宁地区畲族传统村落景观基因进行编码,构建景观基因信息库,以更好地厘清畲族村落景观基因的整体脉络。在此基础上归根溯源,以更好地解析景宁地区畲族传统聚落外在表征与蕴含其中的文化内涵之间的对应关系。为了在后续构建景观基因信息管理系统中能快速查阅、选择,更好地在实践中应用景观基因,对景观基因进行编码,建立有序的景观基因体系是一项非常有必要的工作。参考国家相关标准《信息分类和编码的基本原则与方法(GB/T7027—2002)》,本书的景观基因分类编码遵循以下原则:(1)科学性原则,选择景观基因最稳定的本质属性或特征作为分类编码的基础和依据;(2)系统性原则,根据景观基因的属性或者特征,制定科学合理的分类标准体系,对景观基因进行系统化的编码排序;(3)可扩延性原则,景观基因编码体系能保证容纳后续新数据信息的增补,而不改变原有的分类结构;(4)全面性原则,景观基因编码体系要涵盖所有聚落景观基因单体,避免遗漏;(5)适用性原则,景观基因分类编码体系应与国内外相关标准协调一致,能满足后续景观基因信息管理及实际应用的需求。

　　本书运用类型学和符号学原理对景宁地区畲族传统村落景观基因识别的结果进行分析梳理,结合 N 级编码理论,对景观基因信息进行编码(见图 3-3)。先根据景观的物质属性,将景观基因分为物质景观基因和非物质景观基因两大门类,分别用英文字母 A 和 B 作为首个编码,然后将这两大门类分成若干景观基因组,形成不同的大类,再将每个景观基因组按照景观特征进行解构,依照从属包含关系分为一级、二级、三级……,直至景观形式级,大类、小类、子类均采用阿拉伯数字进行编码,对于未细分的类、级用"0"表示,最终形成由"1 位大写英文字母＋4 位阿拉伯数字"编码的景观基因单体。

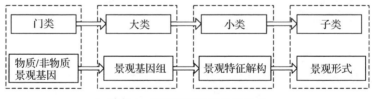

图 3-3　景观基因编码分级体系

(三)景观基因图谱的构建

　　"景观基因图谱"以直观的图谱形式研究景观基因的组成、结构、形式,是正确反映景观基因的多维属性及内在逻辑性的重要方法。基于对景宁地区畲族传统村落景观基因的识别、提取和编码,本书采用二维形态和三维形态的识别方法,对景宁地区畲族传统聚落景观基因图谱进行构建，便于后期进行可视化分析，为景观基因的应用研究奠定基础。

二维形态识别方法可用于聚落形态、山水格局、街巷分布特征、建筑的平面布局、屋脸造型、山墙造型及装饰纹样等方面，针对其二维形态上的特征，可以建立相应的二维可视化景观基因图谱。景宁地区畲族传统村落的乡土景观是在其民族文化体系和自然环境的共同作用下，历经漫长的历史演化而成。其选址布局和建筑景观具有独特的魅力，以二维形态构建选址布局和建筑景观的基因图谱，能直观、形象地反映村落总体布局和建筑形态特点，有助于更为深入地了解其文化景观形成的特点。而三维形态识别方法可用于聚落空间结构、单体建筑或构筑物的三维结构等方面，构建三维立体的透视图谱。相对于二维形态识别的构建方式，三维形态识别方法构建的图谱更能反映景观基因的整体空间意象，给人以个性鲜明的场景画面感。

第四章

物质文化景观基因

▼▼▼▼▼▼▼▼▼▼▼▼▼▼▼▼▼▼▼▼

　　景宁地区畲族传统村落一般规模较小。一方面受地形、土地等自然因素的影响,另一方面受文化、政治等社会因素的影响,畲族传统村落往往是血缘聚居,规模发展较慢,促成了大分散小聚居的村落模式。总体而言,村落内部的结构较为清晰,一般由民居建筑、街巷通道、宗祠、庙宇、林地、农田等元素构成。经过长期的发展,村落已经形成了一套完整的、稳定的、人与自然和谐共生的景观系统。本书将景宁地区畲族传统村落的物质文化景观基因分为建筑景观基因、选址布局基因、环境景观基因三大方面,分别进行景观基因的识别与分类,建立物质景观基因的信息库,并按照"胞""链""形"3个层次构建景观基因图谱。

第一节　建筑景观基因

　　自古以来,建筑都是人类赖以生存和安身立命的"庇护所",也是人类智慧的结晶和表现地方文化的重要载体。建筑的建造水平和审美情趣,在很大程度上受到当时地域的自然、经济和技术等条件的影响。少数民族区域内的建筑能够全面反映建造的时代特征和地域特征，同时也是少数民族文化和精神的象征。

"建筑景观基因"是一种特殊的地域文化景观基因，有着和生物基因遗传相似的遗传规律，具有遗传和变异的特征。准确地识别畲族建筑的景观基因，需要充分地认识景宁地区传统畲族建筑的发展历程和建造的整体过程，并在此基础上进行详尽的田野数据调查，以建立合理的畲族建筑景观基因识别体系，从而对建筑的平面及空间结构、材料等要素进行解构和特征分析。

一、景宁地区畲族传统建筑发展历程

景宁地区畲族传统民居建筑经历了"茅寮①—土寮—土楼"的3个发展阶段和形态。不同历史时期的畲族民居建筑，在材料、结构、形态等方面存在一定的差异。畲族建筑的变化，在一定程度上与所处的地域环境、畲族传统文化和生活习俗、经济发展水平及畲族人口变化等方面存在着必然的联系。

（一）茅寮

"茅寮"是畲民生活较为贫苦时期的一种主要建筑表现形式（见图4-1）。身处大山的畲族先民善于就地取材，"诛茅为瓦，编竹为篱，伐荻为牖"。他们的建筑材料均来自自然界，由"木材"和"干草"简易搭建而成，呈现出"千枝落地"的特征。这种建筑形式，反映出当时畲族人民相对匮乏的物质生活条件，同时也符合当时畲族刀耕火种的"游耕"生活习俗。

---

① 畲民称居住的房子为"寮"，建造房子称为"起寮"。

图 4-1　茅寮模型(中国畲族博物馆实拍)

(二)土寮

畲民北迁至景宁山区后,这里相对稳定的社会环境及资源丰富的自然环境影响了畲族游耕的习惯,部分畲民选择在此地定居生活。"土寮"是在"茅寮"的基础之上演变而来的。相比之下,"土寮"的建造工艺更加复杂,选用的材料更为丰富,整体的稳定性和防御性的等级更高(见图 4-2)。"土寮"的建筑体量明显增大,最为显著的提升表现为夯土围墙、木结构、杉树皮或瓦片等的应用。这一时期的畲族传统建筑结构,已经开始从原来"帐篷式"的薄壳结构向"泥木混合"的框架结构转变,这种结构的建筑成为景宁地区畲族传统建筑的过渡形态,现在伴随着畲族人民生活水平的不断提高,大多已被淘汰。

(三)土楼

伴随着从"游耕"向"定耕"生活方式的转变,畲族传统建筑也更加强调空间的舒适性和功能性,以更好地顺应农耕生产生活。"土楼"是"土寮"的升级版,两者在建筑形态、空间功能和结构等方面存在较大的差异。"土楼"建筑的特点是以石基夯土山墙和木结构为搭配，石块砌成基、壤土夯成墙、杉木构成架，呈现出"一字形"的建筑平面形态和"二层式"的建筑立面形态，是当前景宁地区畲族传统民居的主要样式（见图 4-3）。"土楼"建筑的建造过程相对复杂，形成了相对严谨、完整的建造程序和独特的民族习俗，从建房选址开始直至室内家具布置完成，都需要择吉日。土楼是目前景宁地区保留下来相对稳定的传统建筑主要形式，也是本书建筑景观基因方面研究的主要对象。

图 4-2　土寮模型（中国畲族博物馆实拍）

图 4-3　土楼模型（中国畲族博物馆实拍）

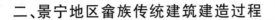

二、景宁地区畲族传统建筑建造过程

从薄壳结构的茅寮到框架结构的土楼，畲族建筑结构的演变和发展是畲民经济文化、生产生活发展的时代产物，也是与自然和谐共生的智慧浓缩。畲民建造房子的过程，反映出他们对自然环境的改造观念。畲族建筑的建造讲究章法和秩序，也产生了很多关于房屋建造的地方习俗和文化。从相地到动工再到入宅，畲族建筑的建造都有约定俗成的完整流程和特定的方式，大致可以分为做地基、立柱、上梁、盖瓦、筑墙、置物、设灶等7个步骤。

（一）做地基

景宁地区地处洞宫山脉，呈现出"岩石多、土层薄"的地质特征。畲族聚落大多选址于山地地形，建筑依山而建，畲民们需要在有限的空间内创造出建造房屋的条件，同时也需要保证建筑所处环境的稳定性。因此，建筑基础的好坏对地处山区的畲族建筑来说尤为重要。在房屋开始建造之前，畲民会请有经验的人根据意向场地的地形地貌、水系情况、植被情况等因素，进行综合考虑，选择最适合建造房屋的区位并确定建筑朝向。相地后，屋主择吉日吉时，按时动工。

与此同时，屋主会亲自或者委派亲信进行"备料"和"请匠师"，备料的质量和品相一般取决于屋主的经济状况。"做地基"是畲族建筑建造过程中的第一道工序，一方面是要克服复杂的地理环境，为建筑的建造提供一个相对安全的施工环境；另一方面地基也是建筑稳固的重要条件。因此，"做地基"环节是象征着畲族建筑动工的重要标志。

简单来说，畲民"做地基"就是在充分认识原有场地的地质条件和环境空间的基础上，对自然进行改造，是一种相对科学的主动改造行为。通常，匠师会用块石做基础，在碎石和壤土填缝后夯实地基。

(二)立柱

在完成"做地基"环节后，匠师(也称"做木师傅")会结合"备料"的情况，对建筑的平面布局进行规划并在地基上划线做标记，明确承重柱的位置和计算建筑的开间、进深等尺寸。确定好建筑承重柱的点位后，匠师会在承重柱的下方放置石墩，以此来降低地面沉降给建筑结构稳定性带来的影响；同时，也能够将木柱与地面隔开，减少地面潮湿对木柱的影响，保持木柱干燥，确保结构的安全性，这是立柱环节的基础性工作。

在立柱环节，畲民和匠师十分注重团队的配合，屋主及家人、亲戚、邻居，甚至同村的村民都会来帮忙。立柱时，匠师先会在地面上摆好将要拼装的一榀嵌排所需要的构件，然后组装成嵌排，最后将拼接完成的嵌排从水平方向拉起到垂直方向。在立嵌排的同时，匠师会将斗枋穿好，固定住整体的框架。

因此，畲族建筑中的"立柱"是从平面布局向空间结构转变的过程，也是从二维平面到三维空间构建的重要节点。立柱环节过后，建筑的开间大小、空间的进深等尺寸基本确定。

(三)上梁

立柱的下一个环节是"上梁"。自古以来，"梁"都是建筑的重要结构，其在畲族建筑中的意义也如此。畲族建筑营造中的"上梁"是指将"梁架到屋架上"的过程。对于畲民来说，"上梁"环节标志着建筑框架的完成，最后一根主梁落成时，也意味着建筑主体结构已经完成。"上梁"在畲族建筑建造过程中的意义重大。因此,上梁的日期、时辰,屋主都要择吉日。"上梁"之前,屋主和匠师要祭"鲁班",以祈祷"上梁顺利、宅吉民安"。祭"鲁班"的祭祀,从祭品的选择和搭配到仪式的流程,颇有讲究。

祭品的选择和搭配需要遵循"五样菜、五样果"的原则,搭配肉类(如鱼、猪头等)、酒(如自酿红曲酒)、文房(如笔、墨、砚等)及日常用具(如雨伞、胭脂、五色线、米筛镜、香烛、元宝、红布)等。祭品摆好后,燃放鞭炮。祭礼完毕,把猪头、红布一块、雨伞一把等送到匠师家。选定的时辰一到,鞭炮齐鸣,匠师与帮工一起将缠悬红布的正梁架好,并用红布与五谷压梁,以祈祷有个好彩头。上梁当日,畲民会摆席宴请匠师、帮工和亲朋好友。上梁后又要祭"喜鸡",祭礼同样也是"五样菜、五样果",外加猪肉、公鸡等。到访的亲戚会随礼,礼品一般为稻谷五十至六十斤、红布一尺和对联一副。一般来说,亲戚随礼来的稻谷,主人家会送给参与上梁的帮工,作为"报酬"和"工钱"。

(四)盖瓦

上完梁之后,畲民会把檩子吊上屋架,并架至柱头。同时,将剩下的木料修整后加工成椽子,以此节省木料。之后再把加工好的椽子与大木构架进行装配。屋架装配完成后,才是给屋顶盖瓦。早期的畲族土寮和土楼都曾采用杉树皮作为屋顶材料,随着瓦片的出现,杉树皮作屋顶的做法逐渐被瓦片所取代。现存的畲族传统建筑的屋顶则基本使用瓦片盖屋顶,也是现代畲族建筑屋顶的主要材料。屋顶的屋脊一般用垂直于地面方向的瓦片压顶,两端有飞檐翘角。

(五)筑墙

筑墙是畲族建筑建造工序中的最后一个环节。为了提高效率,这个环节往往会与"盖瓦"同步进行。经过做地基、立柱、上梁、盖瓦等环节后,畲族建筑的内部结构已经完成,畲民开始给土楼的四周砌筑围墙。

围墙由"石基墙"和"夯土墙"两部分组成。石基墙部分采用毛石块垒砌成,缝隙用碎石填充,以提高石基墙的稳定性;夯土墙采用当地黄壤土为主要原料,混合草木灰、稻草、沙、石等材料形成土料,夯筑而成。为了便于夯筑和提高耐久度,在靠近墙基与土墙的交界处,匠师往往会选用较大且较为平整的石块。

(六)置物

经过前面的5个环节,建筑的主体结构已全部完成。下一步,畲民会对房屋内部进行装修,也就是"置物"环节。长期以来,畲族的经济发展受限于山区资源匮乏、交通不便等不利因素,也影响了畲民对物质的需求和审美情趣。特别是在家具的选择方面,畲民更愿意让匠师手工打造家具,而不是去购买现成的工业产品。在大部分畲民家中,家具普遍是木作的,如木床、木桌、木凳、木碗柜等,过着如"木"一般朴实无华的生活。一楼中间厅堂(畲族称之为"正厅"或"上间")的照壁前摆木案台,左右两边摆木条凳子,这里通常是会客的地方。大厅的两侧则是卧室,简易地摆放床、木柜等。在高海拔的景宁畲族民居卧室前常设有暖间,暖间内摆放餐桌、条凳、火盆,以方便主人在寒冷的季节会客、聊天、吃饭、对山歌等。二楼则主要用于储藏,设有谷仓和神龛。

(七)设灶

设灶,即为修建厨房炉灶。畲族灶台的建造和设计相对简单。畲族男子成亲之后,会与父母"分家","设新灶"则是与父母分家的重要标志。一般来说,在家族人口的扩张或后嗣成家立业,而老房子无法容纳的情况下,畲民会选择建新房子。因此,

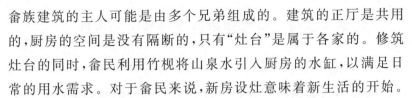

畬族建筑的主人可能是由多个兄弟组成的。建筑的正厅是共用的,厨房的空间是没有隔断的,只有"灶台"是属于各家的。修筑灶台的同时,畬民利用竹枧将山泉水引入厨房的水缸,以满足日常的用水需求。对于畬民来说,新房设灶意味着新生活的开始。

畬民在新房子落成时要举办隆重的"入宅礼",与亲朋好友共享入住新宅的喜悦之情,故新房主人也称"喜家主人"。在入宅仪式前,喜家主人会选择入宅的良辰吉时。此时,喜家主人会燃放鞭炮并燃点火把,鞭炮齐鸣、烈火熊熊,在喜庆的氛围和欢声笑语中安装好大梁。随后,把所有新家具都盖上红布,喜气洋洋地迁入新居。入宅仪式结束后,喜家主人将事先备好的鸡、鸭、鱼、肉等烧制成宴席,宴请到场贺喜的亲朋好友。赴宴的宾客一般要送礼,大家举杯畅饮、欢声笑语。畬族入宅不仅仅是一家喜事,也是同族亲友相聚一堂的团圆事,借此机会,畬民们会互相祝贺、嘘寒问暖。宴席一般不设结束时间,喜家和宾客们尽欢而散。

综上所述,严谨的建造程序和特有的民俗禁忌,反映出畬族对建筑的重视和对自然的敬畏。与平原地区的其他民族相比,地处山区的畬族受到资源少、交通差、财力薄等诸多因素的限制,畬族建筑的建造显得颇为艰难,畬民通过勤劳朴实的做事风格和互帮互助的合作精神战胜了种种困难。可以说,畬族建筑是畬族人民"勤劳朴实、团结互助"精神品格的现实写照。长期以来,畬民形成了一套独特的顺应天地、和谐共生的自然生存法则。建筑的建造反映出畬族与自然共生的生态发展理念和生存智慧。

三、景宁地区畲族传统建筑景观基因的识别

(一)建筑景观基因识别指标体系构建

建筑景观基因的识别是根据学者们提出的景观基因识别原则和特征解构提取法,对研究范围内的传统建筑的景观基因进行分类提取。首先,将建筑景观分为建筑类型和构成特征两大识别要素。其次,建筑类型可以分为民居、宗祠和庙宇3种类型。建筑构成特征从平面布局、空间结构、屋顶造型、屋脸造型、山墙造型、建筑用材、装饰纹样等多个层面进行识别,构建景宁地区畲族传统建筑景观基因识别指标体系(见图4-4)。最后,运用形态提取法、结构提取法、图案提取法和元素提取法等方法进行相对应的景观基因的提取。

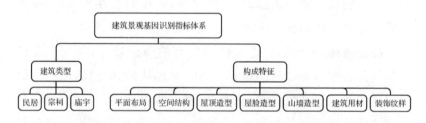

图4-4 景宁地区畲族传统建筑景观基因识别指标体系

(二)建筑景观基因的识别

一般来说,一个完整的传统村落是由不同类别、功能的建筑组合而成的,包括传统民居、宗族与宗教类建筑、商业与娱乐类建筑和功能节点。景宁地区畲族传统村落大多只具有居住、生产、宗族和宗教活动等基本功能,故建筑的类型主要集中在民居建筑、宗祠和庙宇这3种类型。根据建筑构成的要素,从平面到空间、从材料到装饰,可以相对全面地识别出具有核心特征的畲族建筑景观基因。

1. 平面布局

畲族传统建筑平面布局形式较为统一，呈"一字形"和"院落式"两种布局类型（见图 4-5）。当前，畲族传统聚落中的民居建筑以"一字形"的平面布局为主，也有"院落式"布局。"一字形"建筑布局的形成，一方面受"山多地少"的地理条件制约，另一方面也是畲民节约耕地的智慧体现。山区普遍面临平地少、耕地缺的现实问题，畲民需要把更多的土地留给耕种。"一字形"建筑一般沿着山体等高线排布，可以减少建筑用地对耕地的侵占，既是提高土地利用率的有效手段，也是符合山地地形条件的一种建筑布局方式。同时，这种排布方式，无论采光还是通风，都达到了相对优化。由此可见，畲族建筑的"一字形"布局模式，是山区畲民在不利于建筑建造的条件下主动创造并适应自然的一种做法，反映了畲族与自然和谐共生的生态理念。除此之外，"一字形"建筑在功能、空间上还具有灵活性和延展性。建筑两侧的山墙可以共用，为建筑的扩建提供便利，木结构的数量和跨度也可以根据实际需求进行灵活调整。在建筑主体的两侧，一般为辅房。辅房分为单层式和双层式两种。单层式辅房一般用来圈养牲畜，双层式辅房的下层用来圈养牲畜，上层用来作为储藏间，一般用来储存农具和草料。

景宁地区畲族传统建筑"院落式"布局是在"一字形"布局的基础上演变形成等级、形制更高的建筑布局形式，讲究对称性和秩序性。这类建筑多为宗祠、庙宇或富农宅邸，如东弄村的汤三公庙和蓝氏宗祠、敕木山村 3 号民居等。宗祠和庙宇作为畲族建筑中较为特殊的两种类型，在畲民心中占有重要地位。在条件允许的情况下，畲民大多会选择形制等级更高的"院落式"布局。"院落式"与"一字形"建筑空间最大的区别在于，前院两侧是否有厢房或檐廊，同时是否围合形成较为方正、宽敞的天井空间。

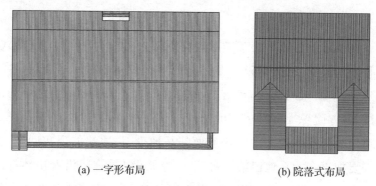

(a) 一字形布局　　　　　　　　　　(b) 院落式布局

图 4-5　景宁地区畲族传统建筑俯瞰示意

2. 空间结构

"一字形"的建筑平面在一定程度上决定了景宁地区畲族传统民居建筑的空间结构特征。畲族把支撑梁的立柱桁架称作扇，一个立柱桁架即为一扇。在调研中发现，景宁地区畲族民居建筑的空间结构大多为"四扇三开间"和"六扇五开间"等，大多数民居建筑都以正厅为中轴线，左右两边对称排布，因而开间数一般由三、五、七等奇数组成。设置建筑的扇数和开间数，往往取决于建筑内的家庭户数，即可以理解为"同家兄弟的数量决定了建筑的空间结构"。一般来说，在同一幢建筑内，兄弟数量越多，建筑的空间结构也越复杂。这种可变的空间结构，进一步证明了"一字形"建筑在空间结构上具有很强的灵活性和延展性。从建筑空间演变规律结合实际的调研情况来看，"四扇三开间"是畲族民居建筑最为基本的空间结构单元，其他的空间结构模式是在这个空间结构基本单元的基础上进一步发展和演化形成的。

景宁地区畲族传统民居建筑以木梁柱"穿斗架"为主体结构，建筑主体通常分为两层。一层空间主要由前院、正厅、次间、梢间、厨房等组成（见图 4-6）；二层层高较低，由卧室、谷仓和前、后廊组成（见图 4-7）。

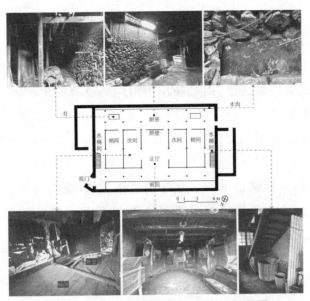

图 4-6 东弄村 23 号传统畲族建筑一层平面

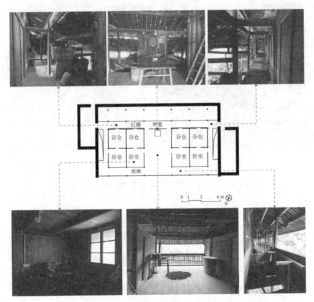

图 4-7 东弄村 23 号传统畲族建筑二层平面

（1）前院

畲族"一字形"建筑大多都带一个"前院"，院墙较矮，为建筑划出一个相对稳定和私密的室外空间。院门不像汉族建筑一般位于建筑的中轴线上，而是顺应山形地势没有固定的方向，一般位于建筑的侧方。前院的空间大小会根据建筑所处的地理环境和条件而略有不同。根据前院长宽的比值，大致可以分为"狭长型"和"宽阔型"两种前院的类型（见图 4-8）。狭长型前院的长宽比较悬殊，一般来说不具备实际的使用功能，前院与建筑存在一定的高差，为建筑排水提供有利条件；而宽阔型前院的长宽比较接近，空间的可利用性较高，畲民会将前院下挖，形成一个下沉式空间，为家禽、牲畜圈养提供场地，使之免于山林野兽的侵袭。宗祠、庙宇的前院则不具备这些生活特征和生产功能，主要为组织交通和景观的功能。

(a) 狭长型前院   (b) 宽阔型前院

图 4-8   景宁地区畲族传统民居前院

（2）正厅

畲族民居建筑的正厅位于建筑一层的中轴线上，畲民称之为"上间"，正厅不设门，向前院开敞，地面由泥土夯实而成。正厅是畲族建筑的核心空间，主要承担会客、议事和婚丧嫁娶仪式举办的重要场所和公共空间。照壁位于正厅后一步柱间，是"客厅"与

"厨房"的隔断,由杉树板拼接而成。照壁的左右两侧留门洞并设门,是厨房与客厅的主要通道和出入口。照壁前常悬挂毛主席画像,前方摆案台。

(3)次间和梢间

次间、梢间位于正厅的左、右两侧,垂直于建筑一层的中轴线横向布局,主要承担卧室的功能。次间和梢间的地面用杉木板架空平铺,一般比正厅高出 15～20 厘米。这种架空式的设计,一方面可以提高室内空间的舒适度,另一方面可以保持房间干燥,降低地面潮湿对居住环境的影响。次间一般由隔断分隔成前、后两间,但也有不设隔断的例子。"前间"摆方桌、长凳和番薯柜,桌下有"火盆",故称之为"暖间"(图 4-9)。暖间比正厅私密感更强,平日里畲民把暖间作为餐厅、客厅使用,是畲民日常生活中使用率较高的空间。有时家里来客人住不下,番薯柜可以铺床,暖间兼做客卧使用。"后间"则放床铺,隔墙设门,可以通往厨房。

图 4-9　大张坑民居中的暖间

（4）厨房

畲族民居建筑的厨房位于正厅、次间、梢间的正后方，是一个半开放的空间，但整体采光较差，是畲民生活起居的中心。厨房一面临着山体或挡墙，另一面则与次间、梢间和正厅共用隔墙。靠近厨房一侧的山墙常开门，是畲族建筑的后门。厨房砌有柴火灶，摆放水缸、橱柜和炊具等厨房用具。除此之外，独特的"给排水系统"是畲族厨房的重要标志。畲族民居大多"背靠山"，畲民利用山体的高差，将山泉水用竹枧引入厨房的水缸中（图 4-10）。建筑与山体之间设有水沟，起到排放山体挡墙的渗水和日常生活废水的作用。畲民把水沟一侧封住，蓄水养上红鲤鱼，一方面可以清洁水沟，解决了水沟蚊蝇问题，另一方面也为生活平添了一些乐趣。景宁地区几乎每家每户传统畲族民居的厨房都有着这样一套有机的、可循环的微型生态系统，充分体现了畲族的生态智慧和追求节俭、实用的生活理念。

图 4-10　敕木山村 3 号民居厨房的竹枧引水系统

（5）楼梯

畲族传统民居建筑楼梯的排布方式可分为两种，一种是直跑楼梯，另一种是双跑折角楼梯。从所处位置上看，直跑楼梯通常位于靠近建筑山墙的侧方，双跑折角楼梯多位于后厅，在建筑的中轴线上。从建成年代上看，前者所在的建筑多为新中国成立以前建造，后者所在的建筑多为新中国成立之后建造。从结构上看，前者相对简单并直接受力在后廊的梁上，后者相对复杂并有独立的支撑立柱。

（6）上间楼

"上间楼"位于"正厅"二楼的正上方，面积与"上间"相当。畲民通常把神龛（也称"香火柜"）镶嵌在上间楼照壁的隔板上，供奉祖先灵位。上间楼相对一层环境更为清净，主要为畲民举行家祭的场所，以表达对祖先神灵的敬仰和内心的祈福。畲族神龛的造型通常较为简单，一般很少有装饰纹样或雕花。

（7）谷仓

畲族传统民居建筑的谷仓位于二楼上间楼的两侧，一楼次间、梢间的正上方。靠近前廊一侧多为预留的"卧室"，靠近后廊一侧多为谷仓，主要作为食物的储藏空间。

（8）卫生间

畲族传统民居建筑内并没有独立的"卫生间"，只有一个具有厕所功能的空间。畲民一般会在楼梯下方的灰空间放置若干个木桶，这便是畲族民居的厕所，也称之为"水桶间"。一般来说，建筑周围会有一个独立的"木棚"，即"旱厕"。经过多轮乡村改造后，"旱厕"在畲族聚落中已不多见，仅有部分村落保留了"木棚"的框架形式，但已不具备厕所的功能。

景宁地区畲族"院落式"的传统建筑空间结构也多以"四扇三开间"为基本的空间结构演变而来。敕木山村 3 号民居是德国人史图博考察时住过的四合院，是景宁地区畲族传统民居中院落式

建筑的代表。梢间的尽端墙壁为民居建筑的夯土山墙，因而空间
结构为四扇五开间（图 4-11、图 4-12）。

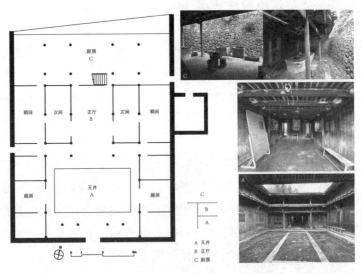

图 4-11　敕木山村 3 号民居一层平面

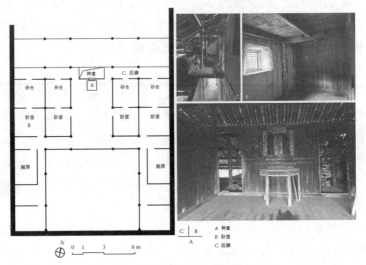

图 4-12　敕木山村 3 号民居二层平面

在调研中发现，畲族民居建筑除"夯土山墙＋木框架承重结构"的典型模式外，还有部分建筑的内部也使用夯土墙，通常都是后来新造的民居建筑，但总体还是延续以正厅为中心对称的传统畲族民居室内格局。如周湖村一民居建筑的次间是由夯土砌成的，梁直接落在次间的墙上（见图4-13、图4-14）。

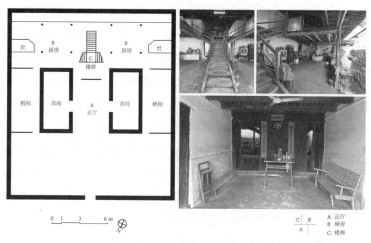

图4-13　周湖村民居一层平面

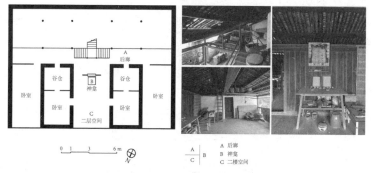

图4-14　周湖村民居二层平面

宗祠、庙宇建筑以木梁柱"抬梁架"为主体结构，建筑主体为单层结构，整体空间结构较为简单，宗祠、庙宇建筑空间的轴线对称性更加明显。宗祠牌位、庙宇神像一般垂直于轴线一字排开或平行于轴线对称排布，祭台和供桌位于中轴线上。宗祠建筑的功能相对统一，建筑结构也相对一致。畲族有着多种信仰习俗，受到不同信仰习俗的影响，庙宇建筑的空间结构会存在一些差异。

3.屋顶造型

景宁地区畲族传统民居主体建筑的屋顶类型大多为带披式双坡悬山屋顶[见图 4-15(a)]。悬山屋顶是南方民居常用的屋顶造型，能够很好地适应南方潮湿多雨的气候，有利于室内通风和遮雨，同时可以避免雨水对于山墙的冲刷，以更好地保护建筑。带披式双坡悬山屋顶主要由主体建筑的双坡悬山屋顶和披檐两个部分组成。披檐与主体建筑屋顶并不直接相接，而是从主屋后坡顶末端略低的位置平行于主体坡顶延伸成为后厅的单坡屋顶，整体上形成了前短后长的不等坡屋顶形式，这是景宁畲族民居建筑较为显著的特征。在披檐的下方即是厨房空间，主体建筑的屋顶与披檐之间的空隙，增加了厨房和建筑二层室内的采光和通风。畲民还会根据实际需求，在披檐上开"采光窗"，以增加厨房的采光。披檐的平面呈现出"L字形""一字形""凹字形"等形状。单坡式屋顶多用于牛棚、猪圈等面积较小的附属用房。宗祠、庙宇等公共建筑则一般为双坡悬山屋顶[见图 4-15(b)]；也有部分为双坡硬山顶[见图 4-15(c)]，如东弄村汤三公庙。

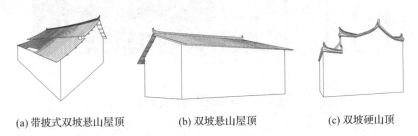

(a) 带披式双坡悬山屋顶　　　(b) 双坡悬山屋顶　　　(c) 双坡硬山顶

图 4-15　景宁地区畲族传统建筑屋顶造型示意

4.屋脸和山墙

建筑屋脸是建筑立面的二维表现形式。景宁地区畲族传统民居建筑的屋脸主要为木质结构,表现为对称二层式。也有的民居建筑表现为不对称二层式,这类民居建筑通常受到所处地理环境的限制,平面布局和空间结构为了顺应山形地势的客观条件而形成。景宁地区畲族传统民居一般一层层高约 2.7 米,二层层高约 2.2 米,一层和二层间有的民居设有腰檐;有的民居只在构件上预留榫口,没有安装腰檐,这可能是基于二层通风和采光上的考虑。

景宁地区畲族传统建筑的山墙均为厚重的夯土墙,具有良好的承重、保温、排湿的功能。建筑两侧夯实,厚重的山墙与正面虚空的木构外廊,形成了鲜明的对比。景宁地区畲族传统建筑的山墙形式主要为"金字形""介字形"(见图 4-16)。

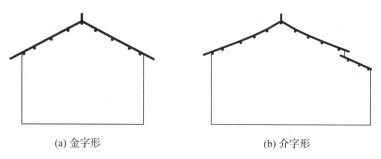

(a) 金字形   (b) 介字形

图 4-16 景宁地区畲族传统建筑的山墙形式示意

5.建筑材料

景宁地区畲族传统民居的建筑用材通常以夯土、木材、毛石、灰瓦、竹子等 5 种材料为主,选材用料遵循"就地取材"的原则,以适应山地环境的特征。

山墙由石基墙与夯土墙两部分组成。石基墙由毛石块砌成，石块缝隙用碎石填充，以提高石基墙的稳定性；夯土墙以当地黄壤土为主要原料，混合草木灰、稻草、沙、石等材料夯制成块，堆砌而成。畲民会将竹子削成竹丝并编成竹篾，抹上土浆，制成有保温效果的竹篾板，并将其运用在一些私密度要求不高的空间中，如作为建筑内部的隔断使用。

木材一般运用在建筑结构、楼板、隔板等处。其中，柱和梁的选料相对考究，主要关注柱木的有效长度、截面直径、垂直平整度3个关键要素。建筑木结构以杉木为主，在选栋梁的时候，畲民会选择根部有三五根分支的大树，意为"人丁兴旺"。景宁地区畲族传统民居建筑的"上间梁"①、前廊枕等处的选材相对考究，条件好的民居多选用苦槠木，畲民认为苦槠树具有防虫驱害的功效。苦槠树是景宁地区畲族传统村落中常见的树种，苦槠除了可以入药外，其果实"苦槠果"更是被畲民制成一道地方美食"苦槠干"。

景宁地区畲族传统建筑主要铺设冷摊瓦屋面，青灰色的瓦片直接铺盖在木椽条上，不设置垫层和结合层。② 由于构造层次少，该类屋面整体较薄，通风透气性好，屋面散热性能较好，能够很好地降低景宁地区炎热夏季的屋面温度。由于瓦片易碎、瓦片搭接的缝隙多等因素，久而久之屋面容易出现破损，需要及时修理维护。

---

① 上间梁一般是指走进正厅门前看见的第一根梁，位于畲族建筑二层楼板下，穿过柱子且位于正厅的楣嵌。

② 毛克明,柳锐,陈秋美,等.浙西南地区传统村落黛瓦屋面营造技术研究[J].建筑技术开发,2019,46(21):31.

6.装饰纹样

作为一种装饰符号,传统装饰纹样一直以来广泛应用在人们的生活中。传统装饰纹样是中华民族传统文化的重要组成部分,贯穿了中华民族的整个发展历史,可以映射出不同历史时期、不同民族的心理、审美情趣和文化内涵等方面的特点。建筑是人类赖以生存的物质保障,更是人类文化的重要载体。建筑的装饰纹样相对于生活中其他地方的装饰纹样更为庄重、恒常,具有更为普遍的时代审美特征和更为广泛的社会文化意义。[①] 传统建筑上的装饰纹样是经过艺术加工和长期的历史选择后呈现出来的文化形态,一般具有幸福美好的寓意和极具美感的形式特征。将吉祥纹样融合到建筑上,一直以来是中华民族对幸福美满、吉祥如意生活憧憬的一种表达方式。

畲族建筑的装饰纹样是畲族文化的重要组成部分,也是畲族艺术的一种表现形式,蕴藏了该民族的历史文化特征。在畲族建筑上可以见到一些具有美好寓意、极具美感的装饰纹样,它们主要以木雕的形式应用于建筑构件上。畲族木雕工艺精湛,雕刻技法基本涵盖了常见的中国传统雕刻工艺和方法,既有相对简单的阴雕、阳雕、浮雕,也有较为复杂的圆雕和透雕。这些雕刻工艺有时会被运用在同一建筑构件或部位上,如牛腿和雀替上清晰可见阴雕、阳雕、圆雕、浮雕和透雕的混合应用,上间梁和廊枕可以见到阴雕和阳雕的交叉运用。畲族建筑的装饰纹样题材也较为宽泛,从动物纹样到几何纹样,再到人物纹样,均有涉及。在调研中也发现,畲族传统建筑中的雕刻主要集中在上间梁、前廊枕、牛

---

① 王文灏.吉祥装饰纹样在中国传统建筑中的应用及其儒家思想内涵探析[J].民俗研究,2012,103(3):137.

腿、雀替和方格窗棂等部位，也有少部分出现在家具上。上间梁除了面向前院的正立面上有雕刻外，梁的下方也有较多雕饰。"上间梁"在畲族的建筑文化中占有重要地位。现周湖村是从老周湖村迁出后建的，该村雷姓村民家的"上间梁"有精美的雕花，正面雕刻的是卷草凤凰纹，底面刻有寓意美好的鸟兽、植物及器物，如麒麟、蝙蝠、牡丹、如意等。据屋主描述，当时从老村迁出时仅带走了老屋的一根"上间梁"（见图 4-17）。

图 4-17　周湖村民居保留的"老屋上间梁"

　　装饰纹样的题材大多为动植物纹，还有几何、器物、人物、图腾等 5 种类型（见图 4-18、图 4-19）。除图腾类纹样以外，其他题材与汉族的并无太大差异，大多通过象征、谐音和比拟等寓意手法雕刻在建筑部件和结构上。纹样的象征手法是指将那些抽象的精神品质，转化为容易感知的具体形象，在提高立意的同时让纹样变得含蓄深刻。纹样的谐音手法是指利用汉语"同音同义异形字"的特点，调换同音字的本意，假借读音以指它意。纹样的比拟手法是指将纹样的原型比作人，通过拟人化的手法，为纹样增添情感和个性，并达到借物喻志的效果。

(a) 敕木山村28号民居

(b) 敕木山村28号民居

(c) 敕木山村3号民居

(d) 敕木山村3号民居

(e) 敕木山村3号民居

(f) 敕木山村3号民居

(g) 东弄村民居

(h) 东弄村民居

图 4-18 景宁地区畲族传统建筑牛腿的装饰纹样

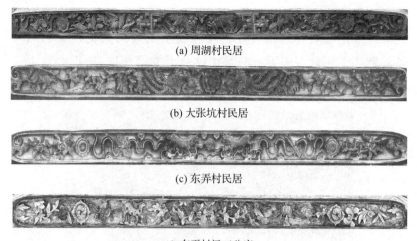

(a) 周湖村民居

(b) 大张坑村民居

(c) 东弄村民居

(d) 东弄村汤三公庙

图 4-19 景宁地区畲族传统建筑上间梁下方的装饰纹样(多图展示)

(1)动植物纹样

景宁地区畲族传统建筑纹样大多以大自然中的动植物作为创作对象,是建筑装饰纹样中占比最多的一大类,体现了畲族人民热爱自然、崇尚自然的民族品质。由于受到汉族文化的影响,畲民常常用动植物纹样来取意吉祥如意、祈求平安。其中的动物类型题材多为一些民间认为有灵性和美好寓意的动物,如麒麟、喜鹊、孔雀、蝙蝠、鹤、鹿、牛、马、鱼等。因"蝙蝠"和"鹿"谐音"福禄",在纹样题材选择时,常常被组合在一起。畲族建筑的植物纹样主要包括梅、兰、竹、菊、桃、松、牡丹、莲花、海棠、玉兰、石榴、灵芝等。"梅、兰、竹、菊"通常被比拟为具有高尚气节的四君子,"松、竹、梅"则被比拟成一身傲骨的岁寒三友,"桃、灵芝"等象征长寿,"石榴"象征多子多福,"牡丹"则象征富贵美满。

(2)几何纹样

畲族建筑中的几何纹样,除回字、万字、方格、竖条、横条外,还有一种曲线造型的几何纹样,当地畲民称之为"龙须纹"。这种纹样通常左右对称地出现在正厅除去上间梁的其他横梁的侧面及前廊枋上。前后横梁上的龙须纹并不完全相同,造型会发生一些细微的变化(见图4-20)。

图 4-20　景宁地区畲族传统建筑横梁上的龙须纹

（3）器物纹样

器物纹样主要为文房四宝(笔、墨、纸、砚)、文艺风雅(琴、棋、书、画)、宝瓶、如意、铜钱、元宝等。这类纹样题材大多以"组合式"的形式出现在景宁地区畲族传统建筑上,如宝瓶与植物组合、文房四宝组合、元宝与动物组合、铜钱与动物组合等。

（4）人物纹样

明八仙,即铁拐李、汉钟离、蓝采和、张果老、何仙姑、吕洞宾、韩湘子、曹国舅,是道教故事中的8位神仙,在中国民间广为流传。"八仙过海,各显神通。"八仙无所不能的人物形象,赋予了其"驱邪避凶"的象征之意,也是景宁地区畲族传统建筑装饰纹样的题材之一。八仙手中的法器也常被作为替代八仙的装饰纹样,民间俗称"暗八仙",这类纹样在景宁地区畲族传统建筑上也得到了运用。

（5）图腾纹样

卷草凤凰纹是景宁地区畲族传统建筑中最为独特的凤凰图腾装饰纹样，卷草凤凰纹一般镌刻在上间梁上，含有"凤凰到此"的吉祥寓意。不同于植物、鸟、兽等纹样多接近于事物的原形，卷草凤凰纹是将"凤凰"的民族图腾与"植物"纹巧妙融合、高度抽象后的复合型纹样（见图 4-21）。一般采用阳刻和阴刻相结合的方法，两边双勾凹槽，一条脊线由凹槽中间凸起，脊线上又细刻凹

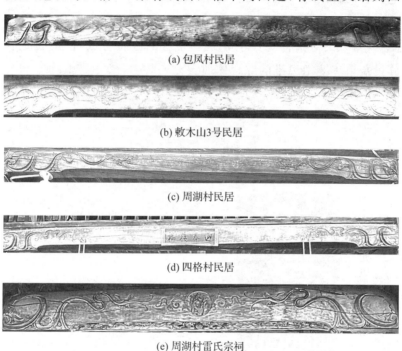

(a) 包凤村民居

(b) 敕木山3号民居

(c) 周湖村民居

(d) 四格村民居

(e) 周湖村雷氏宗祠

图 4-21　景宁地区传统畲族建筑的卷草凤凰纹

线，整体的立体感较强。图腾形象主要体现在凤首部分的凤头、凤嘴、羽翎的雕刻上，凤嘴延伸出的曲线丝带与植物卷草纹自然融合，整体呈现出具有律动感的长曲线式纹样特征，形似凤凰舞

动,画面层次丰富、深邃而灵动。不同时期的卷草凤凰纹在形态表现上存在一定的差别(见表 4-1)。早期的卷草凤凰纹更加注重凤嘴和羽翎等部位的卷草纹刻绘,凤头部分的刻绘相对抽象;后期和近现代的卷草凤凰纹更加注重凤头的刻绘,以此突出凤凰标志性的特征,表达出畲民对凤凰图腾的认同和崇拜之情。从注重凤凰形态与卷草纹融合的整体表现到突出凤凰本体特征的表达,能够看出畲民对"凤凰"图腾的崇拜在不断地增强,并有意图地表达出对"凤凰"的喜爱。可以说,卷草凤凰纹是一种将民族艺术、图腾崇拜、民俗信仰与民居建筑相融合的独特方法,同时也是畲族民众审美艺术思维的综合体现。①

表 4-1 景宁地区传统畲族建筑卷草凤凰纹案例对比

案例	年代	实景	延展部分	凤首部分	中间部分	起始部分
敕木山村民居	清康熙十三年					
周湖村雷氏宗祠	清光绪十二年					
双后岗村民居	新中国成立后					

① 蓝法勤.浙江景宁畲族传统民居卷草凤凰纹装饰研究[J].设计艺术研究,2013,3(1):98.

总的来说,受经济发展水平的限制,景宁地区畲族传统民居建筑装饰除"正厅梁"和"前廊枕"上有雕刻外,其余部件少有纹样。只有极少数的民居建筑可见雕刻精美的牛腿、雀替等部件,如敕木山村 3 号民居、敕木山村 28 号民居、四格村 25 号民居、大张坑村雷木高家、东弄村蓝国兴家、东弄村蓝启洪家等。

相比之下,公共建筑(即宗祠和庙宇)的装饰纹样要比传统民居更为丰富,主要表现在纹样的色彩、内容、组合和雕刻位置等方面。公共建筑的装饰纹样除了在建筑结构上有雕刻外,还会在墙面、门窗、屋顶等位置以绘画的形式表现,如汤三公庙。除图腾纹样外,景宁地区畲族传统建筑与汉族传统建筑在装饰纹样题材方面有着高度的相似性,畲族与汉族建筑文化存在不同程度的交融,这是畲汉文化相互交融发展的结果体现。

第二节 选址布局基因

传统村落的形成是人与自然长期互动形成的,一方面是人类主动选择、改造自然和环境的过程,另一方面也是自然、环境潜移默化地影响和改变人类的过程。畲民自称"山哈",意为"居住在山里的客人"。为了躲避封建统治者的压迫和战乱,畲族祖祖辈辈频繁迁徙,以山林为家,在畲民心中形成了"山中来客"的自我形象认知。景宁地区畲族传统村落是部分畲族人北迁至景宁后定居并发展形成的,据《高皇歌》中记载:"福建官差欺侮多,搬掌景宁挪云和;景宁云和浙江管,也是掌在山头多;景宁云和来开基,官府阜老也相欺;又搬泰顺平阳掌,丽水宣平也搬去。"①

---

① 浙江省民族事务委员会.畲族高皇歌[M].北京:中国广播电视出版社,1992:14.

村落是人类文化活动的一类物质载体和精神家园，也是人类文明的重要组成部分之一。人类为了更好地繁衍生息，主动选择适宜村落发展的环境，并在这个过程中不断积累生存经验。畲族聚落的择址与布局，蕴含了该民族独特的文化内涵和生存智慧。畲族聚落在选址布局中秉持着一定的理念，与自然界始终保持着因借和谐的关系，沿袭着"天人合一"的中国传统哲学思想，总体表现出"顺应自然、因地制宜"的人与自然和谐共生的互动关系。

一、选址布局基因识别指标体系构建

为了能更加清晰地解析畲族传统村落择址布局的基因特征，就需要在充分认识畲族聚落所处的地理环境和实地调研的基础上，建立系统、科学的畲族建筑景观基因识别体系，对聚落的地理环境和布局形态等要素特征进行分析，最终准确地识别出畲族聚落择址布局的基因。

选址布局基因识别指标构建以类型学为主要的研究方法，对研究范围内的畲族传统村落的择址布局指标进行分类。首先，将选址布局分为地理环境特征和布局形态特征两大识别要素。其次，地理环境特征可以从山形地势、水系格局两个层面进行识别，布局形态特征可以从村落形态、空间布局、街巷布局等3个层面进行识别，构建景宁地区畲族传统村落选址布局基因识别指标体系（见图4-22）。最后，运用形态提取法和结构提取法进行基因提取。

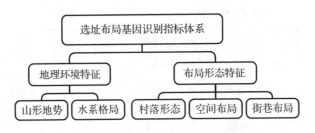

图 4-22　景宁地区畲族传统村落选址布局基因识别指标体系

二、选址布局基因的识别

(一)地理环境特征

传统村落的选址与自然环境关系密切,受到包括地形、水系、土壤、气候、植被等自然环境要素的影响。景宁地区山多平地少,水资源丰富,畲族传统村落大多以自然山水为基础,在营建中巧借山势、倚靠山林、顺应水脉,村落在选址上具有极强的地域性特征,蕴含着独特的文化景观基因。

1.山形地势

山地建村是景宁地区传统畲族村落选址显著的地理特征,主要原因有两个方面:一方面,历史上畲族由于躲避封建统治者的压迫和战乱北迁至景宁,为避免和外界发生冲突,选择在山区居住以满足"与世隔绝"的社会需求,从而获取安全感;另一方面,在定居景宁山区前,畲族一直以来过着刀耕火种的游耕生活,能够较好地适应山地生活环境。

景宁地区的山形地势为畲族传统村落的发展奠定了良好的自然基础。畲族传统村落多选址于向阳避风、临近水源的山麓或半山腰处,在此按照所处的地形地势特征,划分为山脚坡地型、山腰坡地型和山谷坡地型 3 种(见表 4-2)。

表 4-2　景宁地区传统畲族村落山形地势类型

序号	村名	海拔类型	山形地势
1	上寮村	低山	山腰坡地
2	包凤村	高丘	山腰坡地
3	敕木山村	中山	山腰坡地
4	大张坑村	中山	山腰坡地
5	东弄村	低山	山谷坡地
6	石圩村	高丘	山腰坡地
7	金垃村	高丘	山脚坡地
9	山外村	低山	山腰坡地
10	双后岗村	高丘	山脚坡地
11	周湖村	低山	山脚坡地
12	惠明寺村	低山	山腰坡地

注:高丘(海拔 250～500 米)、低山(海拔 500～800 米)、中山(海拔 800 米以上)

环敕木山一带是景宁畲族聚落的主要聚集地。大小各异的畲族聚落散布在敕木山一带,从高丘到中山均有分布。海拔跨度较大、历史较早的村落一般在海拔 400～600 米,整体符合"大杂居、小聚居"的民族聚居规律。敕木山海拔约 1519 米,位于景宁县东南方向,隶属洞宫山脉,山体主要由火山岩构成。敕木山是北迁畲族在景宁的根据地,不同姓氏和族群的畲民在此选择适合生存的栖息地,开山劈岭、拓荒造田,以耕山为业,繁衍生息,如雷姓祖地包凤村,国家传统村落东弄村、大张坑村和民族团结示范村双后岗村就是几个典型的例子。

包凤村是典型的山腰坡地型村落,位于县城东南方向,是景宁地区雷姓畲族的开基祖地。相传雷氏太祖雷进明在明朝万历年间从罗源县迁来景宁,选址相地时,看到包凤村所处的地形酷似一只展翅的凤凰,头向东南方向,尾向西北方向延伸至包凤村枫树岭下,故选此地作为开基祖地。对于畲民来说,在"凤凰"坐落的地方建村,是一个无比吉祥的好兆头。凤凰落地的择址传说,反映出畲族对"凤凰"的喜爱和深厚情感,同时也反映出畲民对"凤凰后代"这一身份的高度认同。包凤村坐落于山腰的坡地上,三面环山、背山面水,是个藏风聚气的宝地。从现代科学的角度来看,包凤村三面环山的地形,不易被外界打扰和发现,具有很强的隐蔽性。同时,村内拥有丰富的林地资源和水资源,能为农耕生活提供相对丰富的物质条件。如今,包凤村往日的辉煌已然逝去。随着村民迁出、移居,村落内的建筑倒塌荒废、残垣断壁,仅有少数建筑还能看到框架,但也岌岌可危。

东弄村是典型的山谷坡地型村落,位于县城的东南方向,是第四批被列入中国传统村落名录的村落。东弄村地处敕木山的东峡谷,两侧山峰高耸,谷深成弄,因而得名。从平面上看,聚落北窄南宽,轮廓呈牛角形的条带状;从空间上看,聚落呈现北低南高势态,村落自谷底向山腰延伸,建筑随着地形排布,阶梯状上升,形成山林—梯田—聚落—梯田—溪流的景观格局。

大张坑村位于景宁县东南方向,地处敕木山南面半山腰的山坳里,是第五批被列入中国传统村落名录的村落。该村最早由张姓族人开基,故名大张坑村,后畲族雷姓迁入此地并定居。村落坐落在半山腰坡地,是典型的三面环山、背山面水的理想格局,民居总体坐北朝南沿等高线呈阶梯状分布。从平面上看,村落整体轮廓上宽下窄,呈漏斗状,民居呈散点状组团分布;从空间上看,聚落地势南北高、中部低处有水系贯穿,村落整体剖面呈现出"V"字形的空间形态,形成山林—梯田—聚落—梯田—溪流—梯田—山林的聚落景观格局。

双后岗村位于景宁县东南方向,是海拔较低的村落。聚落选址于笔架山山脚的坡地,村落的北、南侧各有一条水系。从平面上看,聚落南北、东西跨度相近,轮廓呈蚌形块状,两条水系均自东北向西南方向注入鹤溪；从空间上看，聚落地势北高南低，整体坡度较缓，内部结构紧密呈团状。

2. 水系格局

水是人类和自然界无数生物赖以为生的基础，是人类文明的发展之源，与人类文明的发展密切相关。水系是影响畲族聚落择址布局的重要因素之一。为了生存需要，同时便于农业生产，畲民选择在水源附近开基建村。水系的稳定性与自然要素的联系紧密。景宁地处浙西南山区，较平原地区而言，整体地形复杂、山势陡峭、沟壑众多，山体坡度大且高差变化较明显，因而区域内的水系通常以水域狭窄且流速较快的山涧、溪流及河道为主。景宁地区传统畲族村落充分利用自然水系资源形成具有地域特色的水系格局。

畲族聚落的水系格局大体可分为贯穿型和临靠型两种。呈"贯穿型"水系格局的聚落大多择址于地势复杂的山地区域，如东弄村、大张坑村、敕木山村、石圩村等。这一类聚落的水系格局由多条水系贯穿村落内部，一般水系尺度小，多为山涧、小溪等类型，多条水系通常会有汇合点。如东弄村东西两侧均有水系穿过，中部还有一条山涧，3条水系在村落最低处交汇，最终注入鹤溪。

呈"临靠型"水系格局的聚落大多择址于地势较低的、坡度平缓的区域，如金坵村和双后岗村，这一类水系格局的村落布局大致沿着水系的方向发展。临靠型水系一般多为山涧、溪流汇集形成的支流，尺度相对更大。金坵村是畲族蓝姓在景宁的祖居地，属于典型的临靠型水系格局的聚落，整体村落沿着水流方向，呈带状延伸布局。双后岗村村落的东南侧临靠一条河流，自东北向西南方向汇入鹤溪。

（二）布局形态特征

村落形态、空间布局、街巷布局与村落所处的地形及周边环

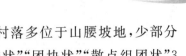

境密切相关。景宁山区的畲族传统村落多位于山腰坡地,少部分位于山脚坡地、山谷坡地,常见"条带状""团块状""散点组团状"3种村落形态,"阶梯式""集中式""散点式"3种空间布局,"鱼骨形""藤蔓形"2种街巷布局。

1.村落形态

村落形态是指村落的平面形态,属于村落二维的特征。景宁地区畲族传统村落形态类型主要包括条带状、团块状、散点组团状3类。条带状的聚落多受地形或水系的影响,条带状的延伸方向与山体和河流的走向有关,如山谷地形的东弄村、临靠型水系格局的金垃村均呈条带状分布。团块状的聚落多位于地形较为平坦的低海拔地区,如山脚坡地的双后岗村、周湖村。从实际的调研情况上来看,景宁地区畲族村落呈团块状村落分布的较少。散点组团状的聚落多位于海拔较高、落差较大的偏僻山区,山多平地少的地形决定了村落布局较为松散,民居间的距离较远,呈现出小聚集的散点式分布的特点。散点组团状是景宁地区畲族山地聚落主要的形态特征,如敕木山村、大张坑村、石圩村、上寮村等。

2.空间布局

本书所指的空间布局主要是指村落建筑与山形地势之间的空间关系,属于村落三维的特征表现。景宁地区传统畲族村落空间布局大致可以分为3种,分别为阶梯式、集中式和散点式。"阶梯式"的聚落多位于地势陡峭、海拔落差大的山腰地带,如大张坑村、东弄村,建筑整体坐落方向较为一致,呈现出较为显著的由低处向高处延伸的阶梯状排布的规律和特征。"集中式"的聚落多位于地势平坦的山脚地区,如周湖村、双后岗村。由于地势相对平坦,可利用的土地资源较多,建筑呈现出较为显著的"集中"排布规律和较大的建筑密度等特征。"散点式"的聚落多位于地形复杂的山腰地区，如敕木山村、石圩村和上寮村等，建筑呈现出较为显著的散点排布规律和相对无序分布的特征。

3.街巷布局

街巷布局是指村落道路与建筑、山形地势形成的平面上和空间上的关系，是村落线性空间的二维和三维特征表现。景宁地区传统畲族村落的街巷随山就势、蜿蜒曲折，形成了灵活多变的道路系统。根据功能和尺度的不同，畲族聚落的交通道路一般可以分为两种：一种是主街，多平行于等高线布置，承载村民的日常出行和公共活动，路面相对较宽，通常连接对外的通村公路；另一种是村落内部的巷道，主要起着连接住户之间及主街的作用，是村落主要的道路类型。受地形和建筑布局的限制，内部巷道一般尺度狭窄，仅容人行或小型农具设备通过。这类小尺度巷道以台阶和斜坡为主，多与等高线的方向交错，整体随势起落、蜿蜒多变。在街巷的材料方面，畲族传统村落街巷的建造一般就地取材，以山体开凿的岩石和碎石为主。目前，为了方便通行，一些村落将原来的碎石路和石板路浇筑成平整的水泥路，有的村落主街甚至还铺设了沥青路，村落的街巷整体风貌发生了一定程度的改变。

在街巷的二维形态方面，景宁地区畲族聚落表现出以下两种特征：鱼骨形和藤蔓形。鱼骨形街巷布局的聚落多位于山谷、山脚地带，如东弄村、金坵村、周湖村、双后岗村等，街巷的布局方向以横向和纵向两个方向为主，并形成"近直角型"的交错路口。藤蔓形街巷布局的聚落多位于地形复杂的山腰地区，如敕木山村、大张坑村、石圩村等，街巷布局无明显规律、方向复杂，村落街巷一般多顺应山势如藤蔓一般自由蔓延将村落内的建筑进行连接。

在街巷的三维形态方面，街巷与建筑、山地环境间形成了不同

的空间关系。景宁地区畲族聚落表现出以下 3 种类型(见表4-3):
建筑—街巷—建筑、建筑—街巷—自然和自然—街巷—自然。建
筑—街巷—建筑是较为普遍的街巷类型,在不同空间形态的村落
均有出现,在地势平坦地带表现出凹字型的特征,在地势陡峭地
带表现出不对称式的凹字型的特征。建筑—街巷—自然一般出
现在山腰坡地型聚落中,是山区畲族聚落典型的三维格局,但在
具体的表现上又有差异,如建筑临近山塘、溪涧、水田、山林等。
自然—街巷—自然一般处于偏僻山区、地形复杂、呈"藤蔓形"街
巷布局和散点状形态的村落中,这类村落布局松散,连通民居之
间的道路两侧通常为自然环境。

表 4-3　街巷与建筑、自然的关系

| (a) 建筑–街巷–建筑 | (b) 建筑–街巷–自然 | (c) 自然–街巷–自然 |

第三节　环境景观基因

环境景观是人类和自然深度互动、相互作用的结果。不同地区的环境景观主要受地域的自然基础和人类活动两个方面的因素影响。不同地理区位的自然基础存在明显差异，自然基础是环境景观基因形成的先天条件。人类活动是人类为了生存和改善生活所进行的一系列生产和生活活动，是一个按照人类意志改造自然的过程，这是环境景观基因形成的后天因素。在不同地域上生活的族群有着不同的文化认知、风俗习惯、生活和生产方式，这也是不同地域环境景观特征存在显著差异的一个重要原因。

一、环境景观基因识别指标体系构建

本节以类型学为主要研究方法，对研究范围内的聚落景观环境进行分类总结。首先，将景观环境分为农业景观、林地景观和水体景观三大类型进行识别。其次，农业景观可以从农业生产景观和农业设施景观两个层面进行识别，林地景观和水体景观直接根据类型进行识别，从而构建景宁地区畲族传统村落景观环境基因识别指标体系（见图4-23）。最后，运用形态提取法、结构提取法、文本提取法和元素提取法进行基因提取。

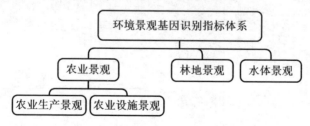

图 4-23　景宁地区畲族传统村落环境景观基因识别指标体系

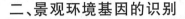

二、景观环境基因的识别

(一)农业景观

农业是最古老和最重要的人类活动之一,为人类发展提供了物质基础保障,是人类赖以生存的根本,也是人类文明的重要支柱。我国不同地域上的人们充分利用地方自然资源,开启了不同的农业模式,呈现出各具特色的农业景观,如新疆吐鲁番的葡萄种植景观、红河元阳哈尼梯田景观、河西走廊绿洲农业景观等。景宁地处浙西南山区和浙闽交界地带,山势陡峭、岩体多样、构造复杂,山地是该县的主要地貌。迁入景宁的畲族,相地定居、开荒耕种,形成了独特的农业景观。

1. 农业生产景观

农业生产景观是人类改造自然、利用自然和适应自然的表现,也是农村地区"人地关系"的重要体现,是一种具有地域特征和文化符号的人文景观。景宁地区畲族的农业生产景观主要表现在山地农业种植方面。

(1)梯田

梯田景观是景宁地区畲族传统村落中具有代表性的农业生产景观。景宁山区地势险峻,可供耕种的平地资源较少,勤劳的畲族人在长期与自然条件磨合的过程中积累了丰富的山地耕作经验,在崎岖的山地上随坡就势开垦梯田,形成了具有较高辨识度的梯田景观。梯田的分布与地形走势高度相关,呈现出阶梯状、垂直高差跨度大的复杂特征。开垦梯田是畲族传统营造智慧在地形处理上的一种集中体现。这种耕作方式克服了景宁山区复杂的地形条件,实现了在山地环境中耕种作物,从根本上保证了畲族村落生活和经济的发展。景宁地区畲族村落的梯田大多规模较小。畲族人有节制地对自然进行利用和改造，将农业生产与自然进行有机地融合，使得农业发展与环境生态保护并行，村落整体呈现出山林—村落—梯田—溪流的良性农业生态系统，这种景观空间格局是人类与自然和谐共处的典范。郑坑乡吴布村的梯田较为壮观，面积 400 余亩，蜿蜒连绵、形态优美，被列为浙江省"最美田园"之一（见图 4-24）。

图 4-24　郑坑乡吴布村梯田景观

梯田分"旱田"和"水田"，旱田主要种植农作物，水田则以种植水稻为主。畲族农作物以较为常见的种类为主，粮食类以水稻、玉米、大豆、番薯、马铃薯等为主；蔬菜类以茭白、大白菜、小青菜、豇豆、四季豆、黄瓜等为主；水果类以柑橘、桃、杨梅、梨、枇杷等为主；经济类以茶叶、香菇、黑木耳等为主；药材以黄精、百合、贝母等为主。目前，景宁地区畲族农业类型仍是以"自给自足、精耕细作"的小农经济为主，主要的传统农业产业以茶叶和食用菌为主（见表 4-4）。

(2)茶园

茶叶种植是景宁地区畲族传统村落的一项重要经济收入,敕木山一带的畲族村落如包凤村、东弄村、周湖村、大张坑村、敕木山村等均分布着规模较大的茶叶梯田,是畲族村落中极具特色的农业生产景观。茶叶梯田主要集中在村落的周边,以方便日常管理和采摘。

表4-4 景宁地区畲族传统村落常见农作物

分类	作物种类
粮食类	水稻、玉米、大豆、马铃薯、番薯、蚕豆等。
蔬菜类	茭白、大白菜、小青菜、豇豆、四季豆、黄瓜、瓠瓜、苦瓜、南瓜、茄子、辣椒、萝卜等。
水果类	柑橘、桃、杨梅、梨、枇杷、葡萄、猕猴桃等。
经济类	茶叶、香菇、黑木耳等。
药材类	黄精、百合、贝母、元胡、菊米等。

惠明茶是景宁县唯一的中国国家地理标志产品。景宁地区种植茶叶的历史可以追溯至唐大中年间(847—859年)。唐咸通二年(861年),一法号惠明的和尚于今惠明寺村建寺,与畲民在寺庙周围开山种茶,并将寺庙旁的茶树称为"惠明茶"。因惠明寺出产的茶叶品质佳,在明成化十八年(1482年)成为贡品,还在巴拿马万国博览会(1915年)上获一等证书及金质奖章,后称为"金奖惠明"。

畲民种植茶叶的历史虽无法准确考究,但与惠明寺雷姓畲民开基定居有着密切的关系。福建北迁而来的雷明玉(雷进裕的第四个儿子),同来修缮惠明寺的僧人昌森、清华师徒迁居于南泉山惠明寺旁开基立业并"开垦田园",而后雷明玉成为惠明寺村雷姓畲民的开基祖。畲族种植茶叶的传统流传至今,淳朴的畲民将茶有机地融合在他们的生活、生产中,形成了具有民族特色的茶俗和茶礼，如新娘茶、妯娌茶、迎客茶等就是茶俗和茶礼中最具代表性的茶文化之一。1929年，德国学者、同济大学教授史图博深入景宁地区敕木山一带考察畲族，并在其撰写的《浙江景宁敕木山畲民调查记》中对畲民"以茶待客"的茶礼文化进行了赞誉和记录。

（3）菌菇

食用菌种植也是畲族的一大农业产业。其中，香菇、黑木耳是种植历史最为久远、覆盖范围最广的两类菌菇。景宁素有"中国香菇之乡"的美称，是全球人工栽培香菇的发祥地之一。2006年，景宁香菇荣获"十大浙江名菇"的称号。与惠明茶相比，食用菌并不是畲族迁居景宁时就发展起来的传统农业，而是受到汉族影响和当地香菇种植技术推广之后才兴起的农业产业。东弄村、周湖村、大张坑村、敕木山村等村落都有畲民种植和发展食用菌产业。近年来，景宁惠明茶的品牌影响力不断地扩大，在良好的经济效益驱动下，茶叶成为畲民主要的经济作物，食用菌的栽培和种植规模大幅度降低。在县农业局主导品种的推荐和技术下乡的支持下，灵芝、灰树花、杏鲍菇、秀珍菇等菌类也有小规模种植。

2.农业设施景观

农业设施，一般是指服务于农业发展和提供农业生产必要的、便利的工具或场所。地理区位、产业类型和农业习惯等不同，所呈现的农业设施景观也不相同。农业设施景观可以理解为不同地区、民族"农业生产和文化"的表现载体，也是一种体现人类农业生产智慧的人文景观。在山地环境的影响下，畲族的耕作方式和耕种文化都展示出"就地取材、因地制宜"的特征，特别是在农具的选材和制作、灌溉系统构建和生产空间搭建上。

畲族农具种类繁多，涵盖锄、耙、犁、铲、钩、刀等（见表4-5）。其中耙的种类最多，如谷耙、平谷耙、双向谷耙、九齿铁手耙、耕铁草耙、耕田铁草耙等。畲族多以稻田耕种类农具为主,服务水稻插秧、水田耕种、水稻收割、稻谷晾晒等环节。农具选材以铁、木、竹、石等常见材料为主,具有造型、材料简单和尺度灵活等特点。石磨和石碓是畲族重要的农具(见图 4-25),用石碓可以捣米去壳还可以制作当地的特色美食——糯米麻糍;而石磨除了能把米、豆等粮食加工成粉外,还能制作成畲民喜爱的传统汤菜——豆腐娘。

表 4-5　景宁地区传统畲族村落传统农具

类型	名称	用料
锄	尖嘴锄、田圈	铁、木
铲	麻铲	铁、木
耙	谷耙、平谷耙、双向谷耙、九齿铁手耙、耕铁草耙、耕田铁草耙、山田木耙、铁耙	铁、木、竹
犁		铁、木
钩刀	柴钩、草刀	铁、木
其他	插秧船、船型插秧凳、秧夹(竹)、牛嘴套(竹)、竹制岩箍、牛轭、石磨、石碓	铁、竹、木、石

(a) 石磨　　　　　　　　　　(b) 石碓

图 4-25　景宁地区传统畲族村落传统农具

（1）灌溉渠

梯田是畲族农业生产中重要的农业景观，也是畲民赖以生存的物质基础。畲民充分利用梯田的高差，通过修建灌溉渠，将山水引入田中，满足日常灌溉的需求，不论稻田还是旱田，都能在其周围见到已经挖好的灌溉渠。

（2）菇棚

香菇是景宁地区畲族村落传统农业生产的食用菌类。菌类需要在适宜的湿度和温度环境中才能生长，香菇种植的关键就是需要控制好这些条件。菇棚就是香菇种植的必要场所，通过控制光照时间、通风时间和空气湿度为香菇生长营造适宜的条件。菇棚是畲族传统农业设施景观中的一大元素。调研团队和东弄村村民交谈后发现，他们对早年间种植香菇的记忆尤为深刻。1987年，东弄村的香菇种植达到了一定规模，山间搭满了香菇棚，远处望去好似黑色梯田，层叠错落。目前，东弄村的香菇棚基本已经消失不见，与之相邻的周湖村仍能见到用香菇棚种香菇的生产场景（见图4-26）。

图4-26　周湖村成片的香菇棚

（3）段木架

段木架就是将木段交错放置在一根木头上，搭成三角形的架子，这是如同帐篷一般的一种种植木耳的农业设施，也是景宁地区畲族传统村落中较有特色的传统农业设施景观。黑木耳是一种景宁地区畲族传统村落农业生产中较为常见的菌类。景宁地区畲族传统村落黑木耳传统栽植方法为木段种植，即在自然环境下采用树木截断的木段种植，生产过程基本没有人为干预，不添加任何添加剂和化学成分，完全依靠树木本身和大自然提供的营养，所生产的黑木耳的外形、口感以及营养都和野生黑木耳相近。目前，东弄村仍可见采用木段架种植木耳的场景（见图4-27）。

图 4-27　东弄村山涧旁的段木架

（二）林地景观

1.实用型林木

景宁地区畲族传统村落栽种的林木大多出于实用考虑，主要为可用于生活、生产的林木，如杉木、毛竹、苦楮、柳杉、棕榈等，或兼具食用、药用价值的红豆杉、厚朴等树种。

　　杉木是景宁地区畲族传统村落建筑的主要建材，景宁山区的气候环境非常适宜杉木的生长，杉木成活率高、生长速度快，一般10年就可成材，15～20年即可开伐。景宁地区畲民用杉木树干做梁、柱的习惯流传至今。树皮做屋顶则是早期畲族建筑的用材习惯，现已用瓦片取而代之。除此之外，杉木也经常被畲民作为打造家具的主要树种之一。晒干的树叶、枝条还可以作为生火的助燃材料。对畲民而言，杉木从树叶到树干再到树皮，都具有较高的经济和实用价值。目前，在原生态环境保持完整的畲族传统村落中（如敕木山村）仍可见多年生的杉木树林。

　　毛竹是景宁地区畲族传统村落林地内主要的竹类之一。毛竹的生长速度快、繁殖能力强，主杆可达20米，是畲民日常生活及生产工具制作的重要原料。毛竹的采笋期在当年11月至次年4月，根据时间不同，主要分为冬笋和春笋，它们是畲民餐桌上的家常菜。畲族民居的引水工具——竹枧，就是将毛竹剖开去竹节后制成的。畲民生产生活中的一些工具也是由毛竹劈成竹篾后编制而成的，如秧夹、牛嘴套、竹篮、竹篓等。同时，竹子作为原料还被运用在建筑上。

　　苦槠是景宁地区畲族传统村落中常见的树种，常种植于路口、宗祠旁及杉木林间。畲民将苦槠果磨成粉，制成苦槠豆腐、苦槠干等独具特色的地方美食。同时，苦槠还具有"解暑通气、化瘀祛滞"的药用效果。与杉木相比，苦槠木数量较少且具有天然防虫的效果，常被畲族运用在重要的建筑结构中，如上间梁、前廊枕等处。

　　棕榈在景宁地区畲族传统村落中广泛种植。以前，畲民将棕榈树表面剥下来的网状皮制作成蓑衣来防雨，还用棕麻编织成麻袋，方便携带日常生活用品。

厚朴是具有较高经济价值的药材,被畲民广泛种植,如包凤村的林地内就有大量的厚朴树。而红豆杉、柳杉属于长寿树种,常见于畲族村落的重要林地中,如在双后岗村口庙前有一棵500多年树龄的红豆杉。

2. 重要位置的林地

畲民对大自然充满了敬畏,认为万物皆有灵性,普遍具有自然崇拜的信仰。树木以其强大的生命力被畲民视为保护神和护身符,他们认树为干亲,视树为神灵。畲族人对于村中重要位置的林地营造非常重视,认为这些林地具有庇护或者优化村落格局的作用。这些重要位置的林地被村民立规保护,禁止对林地内的植物进行砍、伐、烧、移等破坏性行为。从某种意义上来说,畲族对自然生态环境的情感蕴含了朴素的生态思想。

这些林地一般位于村入口、水源处、多条水系的交汇处、祠堂和庙宇旁或桥头等重要位置(见图 4-28)。其中的植物通常具有寿命长、寓意好、树龄长等特征,多为乡土树种,如枫香、香樟、红豆杉、柳杉、苦槠等乔木。在景宁地区畲民的观念中,村落的入口至关重要,主宰着村落的兴衰与安危,通过种植这些林木可以守住村庄的人气、财气和仕气。在调研畲族村落时,金坵村党支部书记蓝文忠在和调研团队的交谈中谈到了畲族传统村落的林地,蓝书记说道:"畲族传统古村落通过种植林木弥补村落格局的不足,一般都会种在村口。这些树多为柳杉、枫香、红豆杉,因为枫香、红豆杉是能存活千年的长寿树种,在村口种大树,把住村里的口子,守护着村庄。"这些林木在景宁地区畲族传统村落中广泛种植,如双后岗村村口景观,由枫香树、苦槠树、木槲树与庙宇、廊桥组成;石圩村村口位于两水系交汇处,村口景观由枫香树、石桥组成;包凤村老村入口处列植了枫香树。宗族祠堂是畲族村落中的重要场所，这里常常是林木的重点栽植位点，如四格村蓝氏祠堂旁种植了 3 棵苦槠树。

(a) 石圩村村口林地　　(b) 包凤村老村村口林地

(c) 大畈村林地

(d) 双后岗村村口林地　　(e) 四格村蓝氏祠堂旁林地

图 4-28　景宁地区传统畲族村落中的林地

（三）水体景观

水是人类生存和生产活动中不可或缺的资源，也是一种重要的景观资源。水体景观根据形成的原因和状态，可分为自然和人工两种类型。自然水体景观包括天然的河流、溪涧、湖泊等,人工水体景观主要是人工开挖的水塘、湖、沟渠等。畲族聚落多选址于临近水源的山区,地势陡峭、落差高,大小瀑布、山坑水塘不计其数。溪涧是尺度相对较小的水系,常见于山腰坡地的聚落中,如大张坑村、周湖村、敕木山村、包凤村等。河流是尺度相对较大的水系,多由山上的溪流和山涧汇集而成,常见于山脚坡地型的村落中,如金垟村、双后岗村等。山坑水塘多为自然形成,但也有少部分是人工干预形成,如畲民利用围水、引水、改道等方式,有意地存蓄或收集水,为旱季农业生产活动用水提供保障。

除了农业生产中的水体景观有较为显著的特征外,在畲民日常生活中也有一些具有民族特征的水体景观。畲族聚落周边盛产竹子,是畲民生产生活中常见的原材料,竹枧就是其中的一种巧妙用法。竹枧的做法简单,一般选用直径粗、节间长的毛竹,将其对半剖开后,除去竹节即可。竹枧引水,是畲族传统的取水方式。畲民利用山地的高差,将山泉水通过依山搭架、悬空吊挂的竹枧引入家中。竹子的长度有限,竹枧以根为单位,头尾上下错落相接,直至引水入户,错落有致,颇具景观效果。

水缸是畲族厨房蓄水的地方。通过竹枧引入室内的水,会存积在厨房的水缸内。水缸一般由石块凿成,呈现长方形,棱角有倒角的工艺。畲族每户人家都有自己的水缸,放置在竹枧下方,不设开关,水缸内活水不断,溢出的水流入排水渠。

排水渠是畲族建筑中的功能性设施,也是畲族水体景观中的一大特色。现代概念中的排水渠是排放污水、废水的通道,不论在嗅觉上还是在视觉上都不具备景观的功能和效果。畲民通过在排水渠养鱼的方式,在营造景观的同时,净化水体、防止蚊虫滋生。同时,水缸中溢出的山泉水不断流入其中,一定程度上加速污水排出的速度，提高了水体的净化速率。从竹枧引水到水缸蓄水，再到水渠排水，形成了一套生态环保的水循环方式和给排水系统，也是畲族的智慧体现（见图4-29）。

图4-29　四格村25号民居排水沟养鱼景观

第四节　物质文化景观基因信息库与景观基因图谱

一、物质景观基因信息库

结合类型学、符号学和景观基因识别提取方法对研究案例的景观基因进行识别研究，最终构建出景宁地区畲族传统村落物质景观基因信息库（见表4-6）。

表 4-6 景宁地区传统畲族村落物质景观基因信息库

物质属性层	景观基因组	特征解构层		基因符号层
A 物质景观基因	A1 选址布局	A11 地理环境特征	A111 山形地势	A1111 山腰坡地、A1112 山谷坡地、A1113 山脚坡地。
			A112 水系格局	A1121 贯穿型、A1122 临靠型。
		A12 布局形态特征	A121 村落形态	A1211 条带状、A1212 团块状、A1213 散点组团状。
			A122 空间布局	A1221 阶梯式、A1222 集中式、A1223 散点式。
			A123 街巷布局	A1231 鱼骨形、A1232 藤蔓形。
	A2 建筑景观	A21 建筑类型	——	A2101 民居、A2102 宗祠、A2103 庙宇。
		A22 构成特征	A221 平面布局	A2211 一字形、A2212 院落式。
			A222 空间结构	A2221 四扇三开间、A2222 六扇五开间。
			A223 屋顶造型	A2231 带披式双坡悬山屋顶、A2232 双坡悬山屋顶、A2233 双坡硬山顶。
			A224 屋脸造型	A2241 对称二层式、A2242 不对称二层式。
			A225 山墙造型	A2251 介字形、A2252 金字形。
			A226 建筑材料	A2261 夯土、A2262 木材、A2263 毛石、A2264 灰瓦、A2265 竹子。
			A227 装饰纹样	A2271 动植物类、A2272 几何类、A2273 图腾类、A2274 人物类、A2275 器物类。
	A3 环境景观	A31 农业景观	A311 农业生产景观	A3111 梯田、A3112 茶园、A3113 香菇、A3114 黑木耳。
			A312 农业设施景观	A3121 灌溉渠、A3122 香菇棚、A3123 木段架、A3124 石磨、A3125 石碓。
		A32 林地景观	——	A3201 杉木、A3202 毛竹、A3203 枫香、A3204 苦槠、A3205 红豆杉、A3206 柳杉、A3207 厚朴、A3208 香樟、A3209 棕榈。
		A33 水体景观	——	A3301 竹枧、A3302 水缸、A3303 排水渠、A3304 山坑水塘、A3305 溪涧、A3306 瀑布、A3307 河流。

二、景观基因图谱的构建

"景观基因图谱"是以直观的图谱形式研究景观基因的组成、结构、形式，正确反映景观基因的多维属性及内在逻辑性的重要方法。为了更为清晰地剖析畲族村落景观基因的空间特征、基本结构和规律，在对畲族村落景观基因的识别、提取和编码的基础上，本书参照刘沛林提出"胞—链—形"景观基因信息链的结构分析方法，从文化景观基本单元（文化景观基因胞）、文化景观连接通道（文化景观基因链）、文化景观整体形态（景观基因形）3 个层次构建景宁地区畲族传统村落景观基因图谱，以进行可视化分析。

（一）景观基因的"胞"元素

文化景观基因胞是文化景观最基本的构成单元，景宁地区畲族传统村落的景观基因"胞"元素主要体现在民居建筑、宗祠和庙宇上。景观基因"胞"图谱按照特征解构类型，采用二维形态和三维形态识别的方法构建（见表 4-7）。

表 4-7　景宁地区畲族传统村落景观基因"胞"图谱

类型	平面图	基因"胞"图谱立面图	剖面图	三维图谱
一字形民居				
院落式民居				
庙宇				
宗祠				

(二)景观基因的"链"元素

景观基因"链"是连接各个景观基因"胞"的信息通道,同时也是传统聚落构成的重要部分。一般来说,聚落内部的水系、道路都属于基因"链"的归纳范畴。受地理环境的影响,山地型传统聚落的水系主要表现出农业灌溉和生活用水两大实用功能,其传递信息的功能属性甚小,因而畲族传统村落景观基因"链"的研究主要围绕道路展开。景宁地区畲族传统村落景观基因"链"主要有鱼骨形、藤蔓形2种形态(见表4-8)。

(三)景观基因的"形"元素

文化景观基因"形"表现为聚落景观的整体形态,是文化景观基因"链"和文化景观基因"胞"之间相互作用形成的结构单元组合。景宁地区畲族传统村落主要分布于敕木山及其余脉的山谷、山腰、山脚等处的坡地上,畲族村落选址"背山面水"的地理环境特征较为显著。村落之间的海拔、区位跨度较大,距离较远且相对独立。山脚坡地、山腰坡地、谷底坡地是3种典型的畲族村落选址的地理特征。按照畲族传统村落景观基因"形"识别出条带状、团块状、散点组团状3种形态(见表4-9)。条带状景观基因"形"的村落内部基因"胞"线性排布于主链一侧或两侧,基因"链"呈现出鱼骨形,村落外部轮廓清晰呈条带状,一般分布在土地资源集中的山谷坡地或沿水系方向布局,如东弄村、金垟村;团块状景观基因"形"的村落内部基因"胞"排布聚集,村落外部轮廓清晰呈团块状,一般分布在地势相对平坦且交通便利的山脚坡地,如周湖村、双后岗村;散点组团状景观基因"形"的村落内部基因"胞"排布结构松散、地理区位跨度较大,基因"链"呈现藤蔓形,村落外部轮廓清晰呈散点状,由单个基因"胞"与多个小型基因"胞"团的自由式组合形成,一般分布在垂直落差较大的山腰坡地。

表 4-8　景宁地区畲族传统村落景观基因"链"图谱

类型	基因"链"图谱		特征
鱼骨形	东弄村	金坵村	路网有明显的"十"字交错；整体呈鱼骨形。
	双后岗村	周湖村	
藤蔓形	石圩村	大张坑村	路网庞杂，无明显规律；整体呈藤蔓形。
	敕木山村	上寮村	

表 4-9　景宁地区畲族传统村落景观基因"形"图谱

类型	基因"形"图谱		特征
条带状	东弄村	金坵村	基因"胞"线性排布；基因"链"呈鱼骨形；村落形态呈条带状。
团块状	周湖村	双后岗村	基因"胞"聚集性排布；基因"链"呈鱼骨形；村落形态呈团块状。
散点组团状	石圩村	大张坑村	基因"胞"多呈小散团，排布松散；基因"链"呈藤蔓形；村落分布呈散点组团状。
	敕木山村	上寮村	

第五章

非物质文化景观基因

▼▼▼▼▼▼▼▼▼▼▼▼▼▼▼▼▼▼▼▼▼▼▼▼▼▼▼▼▼▼▼▼▼

畲族是中国的一个古老的民族,畲族先民最早生活于福建、广东、江西3省的交界地区。千年以来,畲族先民逐渐向东北方向迁徙,而后分散聚居于福建、广东、浙江、江西、贵州、安徽等省的山区。畲民在长期的迁徙和山区劳动生活中,逐渐形成了特色鲜明的畲族传统非物质文化。虽然在畲汉杂居过程中,受到汉文化的影响较大,但畲族文化仍保持着自身的民族个性,是中华民族传统文化中的一个重要分支。我国各地畲族一本同源,但受自然、人文等环境影响,风物人情又各有不同。浙江景宁畲族自治县是全国第一个畲族自治县,本书从景宁地区畲族传统村落的宗族特征、民俗信仰、民俗特征、文化艺术4个方面对浙江景宁地区畲族非物质文化景观基因进行识别与分类,并构建了非物质文化景观基因信息库。

第一节　宗族特征基因

一、姓氏类别

我国各地的畲族均以广东潮州凤凰山为其发源地,有盘、蓝、雷、钟4个姓氏。其姓氏由来，据有神话相传：畲祖卫国有功，高辛帝赐配三公主，生三男一女。长子"盘装"就姓盘，名自能，受封南阳郡"立国侯"；次子"篮装"就姓蓝，名光辉，受封汝南郡"护国侯"；三子"雷公云头生得好，拿笔取姓就姓雷"，名巨佑，受封冯翊郡"武骑侯"；女名淑玉，招婿钟志深，受封颍川郡"国勇侯"。

考证史籍，畲族蓝姓出自"中山大夫蓝诸"一支（《战国策》）；雷姓出自黄帝臣雷公之后（《姓苑·辨证》《帝王世纪》）；钟姓出自"恒公曾孙伯宗，采食钟离，因氏"（《名言氏族言行类稿》），其中入赘畲族一支的后裔便是。① 明清两朝，是畲族大量入迁浙江的时期。据《浙江省少数民族志》，78 支畲族支系有迁入事件记载，其中唐代迁入 1 支，宋代迁入 1 支，明代迁入 46 支，清代迁入 30 支。② 景宁县仅有雷、蓝、钟 3 个姓氏，没有盘姓。明万历年间是畲族先人大量迁入景宁的时期，以下为雷、蓝、钟姓畲族迁入景宁的记载。③

（一）雷姓

据《景宁畲族自治县概况》记载，畲族最早迁入浙江是在唐代，距今 1200 多年。据景宁县惠明寺村和敕木山村各存一本的《唐朝元皇南泉山迁居建造惠明寺报税开垦》的资料所述：唐永泰二年丙午岁（766 年），雷太祖进裕公一家 5 人与僧昌森、清华 2 人，从福州罗源县十八都苏坑境南坑，一同来到浙江处州府青田

---

① 柳意城，景宁畲族自治县志编纂委员会.景宁畲族自治县志[M].杭州：浙江人民出版社，1995：103.

② 《浙江省少数民族志》编纂委员会.浙江省少数民族志[M].北京：方志出版社，1999：83.

③ 《景宁畲族自治县概况》编写组.景宁畲族自治县概况[M].北京：民族出版社，2007：13-14.

县鹤溪村大赤寺。雷进裕及其家人后来居住在叶山头,砍木伐林,开荒种田。这是畲民迁入浙江的第一支。

1915 年重修的《平阳雷氏家谱行第》载:"始祖景云、景通二公,原籍罗源(今福建省罗源县),洪武十二年(1379 年),徙居处州景宁县岭根而居焉。"

1900 年重修的包凤村《雷氏族谱》载:"万历三十四年(1606 年)始祖雷进明,从福建福州府罗源县十八都苏坑境内迁来景宁包凤村居住。"

1891 年重修的王畈村《雷姓族谱》载:"万历四十一年(1613 年)始祖雷处山,由福建罗源县十八都苏坑境应德铺庄梅溪里,移浙江处州景宁二都王畈村居住。"

(二)蓝姓

1919 年重修的《景宁四格村蓝姓家谱》载:"蓝姓始祖敬泉,于南宋淳祐年间(1241—1252 年)由福建罗源黄庄下迁来浙江处州丽水小窟(现属云和县小徐乡)住,后迁景宁金丘驮磨庵住。"

丽水市高溪乡《蓝氏族谱》载:"万历十二年(1584 年),始祖蓝公,从罗源十八都塔底坑移居景宁后垟,后迁暮垟湖、九坑居住。"

大洋岗村《万代祖公簿》及丽水市北埠乡麻地掘村《蓝氏族谱》载:"万历四十年(1612 年),始祖蓝万三郎之子蓝法乾,从福建罗源县官坑村迁来大洋岗村居住。"

1877 年重修的丽水联城云和寺村《蓝姓族谱》载:"万历四十四年(1616 年),始祖蓝世金,从福建省福州府古田县南乡里秀山洞,迁居浙江处州景宁二都油田石汙村居住。"

(三)钟姓

畲族大量迁入景宁是在明代。清代《宣平钟氏家谱》载:"大明洪武八年乙卯八月(1375 年),日章公由福建迁处州景宁。"

1909 年重修的山外村《钟姓族谱》载："万历三十八年（1610年），始祖钟隆熙，从福建省福州府罗源县十七都晋安太平村，迁来浙江景宁七都包凤住。三五年后，再迁山外村住。"

1931 年重修的遂昌井头坞《钟姓族谱》载："万历四十二年（1614 年），始祖钟石洪从福建宁德县十都安乐洋龙坑头，移居浙江省处州府景宁二都油田锦岱洋岭脚居住。"

长期以来，景宁地区各姓氏畲族和睦共处，联系紧密。一些村落畲族多姓氏共存，如周湖村是蓝姓和雷姓畲民均有，各占一半的比例。也有些村落只有一个畲族姓氏，如景宁县渤海镇安亭村下辖的上寮自然村，有 5 个村民小组共 380 人，均为畲族雷姓，是一个纯正的"雷家"畲族村。

二、姓氏文化

（一）宗谱

宗谱，也叫家谱、族谱，是记载家族或宗族渊源、迁徙变化、传承世系和家族事迹的典籍文献。[①] 全国各地的畲族都保存着宗谱，宗谱、祖图、祖杖同为宗族的象征。

景宁畲族宗谱大多修订于清代。宗谱大多数为手抄本，少数为刊印本，载有本族族源、先祖图像、授官记、支族迁徙行程路线及历代源流、家规等。[②] 各姓宗谱的郡头、香案神榜郡头、坟碑郡头、祠堂郡头都与"龙麒"三子一婿的封地传说一致，各谱均有《本姓源流序略》《广东重建祠宇序说》《历朝诏封恩荣记录表》《凤凰

---

① 杨道敏，莫幸福.浙江省民族乡志第 4 卷岱岭畲族乡志［M］.杭州：西泠印社出版社，2021：493.

② 《畲族简史》编写组，《畲族简史》修订本编写组.畲族简史修订本［M］.北京：民族出版社，2008：23.

山祖宗故图》《历代排行字头》《本谱排行字头》《本宗谱世系》《本谱支系排列》等内容。① 总体而言,景宁地区畲族宗谱相关内容保存较为完整(见图 5-1、图 5-2)。

(a) 蓝氏族谱　　　　(b) 蓝姓宗谱世系谱图　　　(c) 雷氏宗谱世名排行谱

图 5-1　畲族宗谱(中国畲族博物馆实拍)

图 5-2　雷氏宗谱复印本(包凤村实拍)

---

① 柳意城,景宁畲族自治县志编纂委员会.景宁畲族自治县志[M].杭州:浙江人民出版社,1995:116.

（二）宗祠

宗祠即祠堂，是供奉和祭祀祖先的场所。修建祠堂是畲族的大事，有些祠堂需要合族人之力数年才能建成。

浙江畲族蓝、雷、钟姓宗谱中有"先祖在广东潮州凤凰山建有盘、蓝、雷、钟姓总祠，总祠面积直二十四丈，横一十八丈，坐西向东，前至雷家坊，后至观星顶，左至会稽山，右至七贤洞；祠内正中供奉始祖龙麒和公主，左边供奉盘自能、雷巨佑，右边供奉蓝光辉、钟志深。祭期定以上元、中秋二节"等记载，并绘有总祠图像。[①]

畲民从广东向浙江迁徙的过程中以及迁入浙江后很长一段时间内，都处于游耕状态，许多支族用"祖担"代替祖祠。"祖担"是畲族用来装载仪式礼器和生活用具的挑子，一般由两只木箱或竹编箱笼，一根木扁担和一根龙头杖组成。祖担里除了装有畲族传师学师、祭祖等仪式中用到的礼器外，还用来装载家族宗谱和祖图、迁徙生活中储备的粮食、作物种子以及年幼不胜脚力的子女。由此可见，畲民挑起的祖担，不仅承载着畲族过去的历史、当前的生活，还承载着对未来的责任和希望。景宁县渤海镇安亭村祖担馆内的展板具体介绍了当地畲族先祖使用的祖担中的物品（见图5-3）：（1）乐器类，包括一张鼓、一面锣、一只铃铎、一杆戒尺、一弯龙角；（2）法器类，包括一把铃刀、三支羽毛（凤尾神针）、两条师棍、一缕师鞭、两方仙印（闾山、茅山）；（3）祭器类，有始祖牌位、本氏祖牌位、香炉；（4）图谱类，有长连（即祖图）、祖师像、祖彦图、家谱；（5）种子类，有五谷杂粮、各色菜蔬、特色植物的种子。

---

① 《畲族简史》编写组，《畲族简史》修订本编写组.畲族简史修订本[M].北京：民族出版社，2008：27.

(a) 远景　　　　　　　　　　　(b) 入口

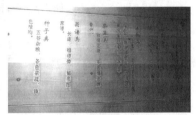

(c) 祖担的箱笼和扁担　　　　　(d) 祖担内物品介绍

图 5-3　安亭村祖担馆

随着畲族的生产方式从游耕逐步转为定耕,清代以来畲民的生活开始稳定下来,部分经济条件好的畲族村落开始修建祠堂。景宁有蓝氏宗祠 7 处,雷氏宗祠 12 处(见图 5-4～图 5-7),其中部分祠堂在新中国成立后改为村校或已损毁。

(a) 金坽村老蓝氏宗祠正面　　　(b) 金坽老蓝氏宗祠前的祭祀活动
　　　　　　　　　　　　　　　　　(金坽村雷灿灿提供)

图 5-4　金坽村老蓝氏宗祠

(a) 外立面   (b) 内部

图 5-5　东弄村蓝氏宗祠

(a) 外立面   (b) 内部

图 5-6　周湖村雷氏宗祠

(a) 外立面   (b) 内部

图 5-7　四格村蓝氏宗祠

（三）祖训

畲民北迁后，逐步接受了儒家文化，推崇温良恭俭让的处事态度，结合本民族的特点形成了具有畲族风格的道德行为规范。畲族各姓氏宗谱的卷首多有"家范"或"祖训"等，作为本姓族人后代的处事准则（见图5-8、图5-9）。如金坵村蓝氏家训在畲族村民住宅的外墙随处可见。

图5-8 金坵村民居外墙的蓝氏家训

图5-9 吴布村文化馆郑坑畲族家规《十八不》

宗族特征基因小结：畲族以血缘为纽带聚居，景宁地区畲族传统村落有雷、蓝、钟3个畲族姓氏。保存完整的宗谱记载着姓氏源流、迁徙变化、传承世系和家族事迹，是景宁地区畲族传统村落姓氏文化的重要组成部分。各姓所建的宗祠是畲民祭祀祖先的场所，也是象征宗族文化的实体。流传至今的"祖训""家规"是具有独特畲族风格的行为准则和道德规范，是景宁地区畲族传统村落宗族文化传承的象征。根据类型学原理，本书提取与景宁地区畲族传统村落宗族特征相关的景观基因如下：

(1)姓氏类别：雷、蓝、钟；

(2)姓氏文化：宗谱、宗祠、祖训或家规。

第二节　民俗信仰基因

民俗信仰，又叫民间信仰，是人为宗教之外普通民众的信仰。

民俗信仰普遍沿袭了原始信仰中"万物有灵"的朴素自然观，但地域特色明显。畲族在长期与汉族杂居的过程中，生产生活、文化习俗等各个方面都发生着碰撞与融合，逐步形成了畲族特有的民俗信仰体系。

景宁地区畲民的民俗信仰按照信仰对象主要分为以下几种类型：一是祖先崇拜，包括对始祖和祖先的崇拜；二是畲族的神祇和畲汉共同供奉的神祇，有汤夫人、汤三公、陈氏夫人、马氏天仙、插花娘娘等；三是自然崇拜，这种类型的崇拜对象一般是和自然有关的神，不仅包括由自然界中的物体演化而成的神灵，如石母和树神，还包括与耕猎经济活动关系密切的五谷神、土地神、猎神、菇神等；四是凤凰图腾崇拜，凤凰图腾崇拜是畲族独特的民俗信仰，凤凰图腾在畲族的服饰、礼仪、神话传说等诸多文化事象中都有体现。

一、祖先崇拜

祖先崇拜又叫祖灵崇拜。饮水思源，畲民对祖先尤为推崇，认为祖先会庇佑子孙后代福气绵延、农事风调雨顺。畲族在逢年过节、婚丧嫁娶、出生、生辰和农事节日等重要日子普遍要举行祭祖仪式。

我国各地畲族的祖先崇拜对象各不相同。如广东畲族一般祭祀传说中的畲族始祖盘瓠或其子女,如武骑侯盘自能、护国侯蓝光辉、立国侯雷巨佑、勇敌侯钟志琛。[①] 有的畲族地区不祭祀始祖,而是祭祀本族的远祖,如福建泉州惠安县钟厝村畲民信仰的是本村的英雄人物,每年都要隆重地祭祀钟厝的开基祖先钟进响。

浙江的畲族家庭都有一个祖宗香炉,代表着历代祖先。畲民在大迁徙的过程中,始终将香炉携带在身边,不曾丢弃。定居后,畲民在住宅的中堂照壁设香火桌安放祖宗香炉。香火桌中间贴壁联,叫香火榜。每逢农历初一、十五,年节寿诞、婚嫁等重要日子,畲民都不忘祖先,举行家庭祭祀仪式,请求祖先庇佑。

有些地区的畲民既祭拜同姓氏的祖先,也祭祀畲族始祖。正月初八是景宁地区畲族祭祀祖图的日子。祖图又叫"盘瓠图",被畲族尊为族宝,是畲族祖先崇拜的重要标志之一。祖图为世代相传的数十幅类似连环画的图,上绘畲族始祖盘瓠的传说并配有文字说明。祭祖图这天,同姓同宗族的畲民早早着盛装,齐聚在本家祠堂,共同瞻仰祖图。祭祖仪式由本姓年长者主持,通过唱祭祀歌来向族人展示畲族的起源、发展、生产和生活习俗等。

二、民间多神崇拜

畲族在和汉族长期杂居的过程中,普遍受到汉族的影响,不同地区有各自信奉的俗神,也叫世俗神。景宁地区畲族崇拜的世俗神主要有汤三公、汤夫人、陈氏夫人、马氏天仙和插花娘娘等。

① 邱国珍.浙江畲族史[M].杭州:杭州出版社,2010:210.

(一)汤三公

传说汤三公是当地农民，有学问且略会法术，在附近的村落颇有威望。他心怀仁爱，帮助当地村民平纠纷，带领当地村民造梯田、挖水渠、驱邪祟、办私塾，是造福一方的大善人。汤三公去世后，东弄村的村民集资在村边造了座庙宇，世代供奉着汤三公。

(二)汤夫人

传说汤夫人是汤三公的孙女，是敕木山地区的畲族和汉族共同信奉的神。当地人认为，她能够保佑村落人畜平安、五谷丰登。《景宁畲族自治县志》对汤夫人有如下介绍："汤夫人，名理，字妙玄。两宋间人，世居敕木山下(今鹤溪镇境)。"①传说汤夫人自幼天赋异禀，结庐修炼，最终在敕木山顶飞升成仙。汤夫人"显灵运木"助宋高宗建皇宫，得到嘉奖，被高宗封为"灵应神女""惠泽夫人"。当地出木头的山也因此被命名为"敕木山"。

(三)陈氏夫人

陈氏夫人是福建女神陈靖姑，又叫陈十四。在福建的闽东、闽北以及浙南的温州、丽水地区，陈夫人普遍受到供奉。福建畲族称她为临水夫人、临水奶或夫人奶，浙江畲族称她为陈夫人。其中闽东和浙南一带是畲汉聚居地，陈夫人是畲汉共同供奉的神。闽东、浙南各地都建有临水夫人庙，俗称"奶娘庙"，畲族为祈求添子增孙和庇佑子孙平安，往往都要来到"奶娘庙"许愿酬神。②陈夫人是畲族求子所崇拜的唯一女神。

---

① 柳意城，景宁畲族自治县志编纂委员会.景宁畲族自治县志[M].杭州：浙江人民出版社，1995：526.

② 邱国珍.浙江畲族史[M].杭州：杭州出版社，2010：212.

（四）马氏天仙

唐代缙云县令李阳冰所撰写的《护国夫人庙碑记》中称马氏天仙为鸬鹚（今景宁县鸬鹚乡驻地）人,讲述了马氏天仙孝顺婆母,帮助乡邻的感人事迹。[①]　马氏天仙成仙前叫马七娘,早年丧夫,家贫却对婆母极为孝顺,后经仙人点化成仙。成仙后的马氏天仙扶危济困,保佑乡邻,屡显功绩。朝廷知道后,封她为"护国夫人"。闽浙地区流传着马氏天仙的一系列典故:马仙身世、辟铲机杼以事姑（婆母）、鱼口求咽、百里求羹、仙人赐丹、得道成仙、护国驱寇、浮伞渡河、死而还生、求子塘等,桩桩件件都折射出马氏天仙孝、善、美的品德。全国范围内有上千座马仙殿,景宁县境内几乎各村都有供奉马仙的庙宇,有鸬鹚祖殿、雁溪马仙殿、大地西坑殿、洋坑马仙宫、吴布马仙殿等一百多处庙宇,足见马仙信仰习俗在景宁地区的规模之大和影响之广。

（五）插花娘娘

相传插花娘娘原是松阳县靖居乡茅弄村畲族女子蓝春花,因家庭贫穷,在汉族老财家为佣。春花人长得漂亮,老财逼其为妾,春花不从,在松阳与丽水交界的横岚山岗跳崖自尽。姐妹们以山花遮其遗体,后成神,称插花娘娘。[②]　插花娘娘的传说表达了畲族女性追求美好爱情和幸福生活的意志和决心。因插花娘娘姓蓝,畲民称她为"蓝姑姑",是畲族传说中象征美丽与智慧的女神,在浙西南一带普遍受到畲民的信奉。插花娘娘被认为有掌管畲民婚姻和家庭的职能。平日里畲民到插花娘娘庙祭拜,插花代香祈福。

---

①　柳意城,景宁畲族自治县志编纂委员会.景宁畲族自治县志[M].杭州:浙江人民出版社,1995:526.

②　邱国珍.浙江畲族史[M].杭州:杭州出版社,2010:211.

三、自然崇拜

自然崇拜出现于新石器时代。由于当时生产力低下,原始人对赖以生存的自然认识能力有限,无法解释或征服自然表现出来的变幻无穷的超强力量,从而对自然界产生出依赖、敬畏和恐惧心理,认为自然物和自然力是拥有生命、意志和伟大能力的神,从而对其产生崇拜的情感。在自然崇拜中,人们的崇拜对象一般是和自身生产生活关系密切的自然物或自然力量。靠山者拜山,近水者敬水。后来人们还将崇拜对象人格化或神灵化并加以祭拜,体现了人们祈求神灵赐福,避免灾祸的愿望。旧时景宁地区畲族多居住在高山丛林间,一般崇拜树神和石神,同时还信奉和耕猎经济活动相关的土神、五谷神、菇神和猎神等。

（一）土神和五谷神

土神就是"土地神",也叫"土地公",原是汉族的民间俗神。在畲族和汉族杂居的过程中,畲族受到汉族民俗信仰的影响,也普遍供奉土地神。过去畲族乡间随处可见小型土地神庙,畲民们在每年的二月初二土地公生日这天,都要进行祭拜。农耕时节,畲民会在准备耕地前清扫土地、祭祀土神,祈求谷物得以丰收。

五谷神就是神农氏。传说神农氏发明制作了农具,顺应天时在不同的土地上种植适宜的作物,并教会老百姓开展农耕活动。神农氏高超的发明使百姓很快掌握了农耕的办法,且非常乐意从事农业劳动,故神农氏被尊称为"神农大帝"或"五谷先帝"。有的畲族村寨建有五谷神庙,家家户户在农历五月二十五日五谷神生日这天备好祭礼,祭祀五谷神,祈求风调雨顺,五谷丰登。

畲族的种稻习俗崇尚土神和五谷神。开秧门这天,畲民备办猪肉、豆腐、三牲、米饭、酒等,点烛焚香、烧纸,拜五谷神、土地神,保佑禾苗生长旺盛,没有虫害。祭祀完毕,才可拔秧插秧。^① 收成后,畲族有"尝新米"的习俗,畲民也要祭祀土神和五谷神,以感谢他们保佑顺利收成。尝新米这天,畲民要先用新米煮好"新米饭"或做成"新米糕",与猪肉、鸡和豆腐等下酒菜及一束新稻穗,一起放在天井中的桌案上准备祭祀。一般行简单的祭祀仪式,点烛焚香烧纸锭,先祭天地,拜五谷神和土地神,再祭祀祖先,感谢诸位神仙和祖宗保佑。

在景宁地区一些畲族传统村落,村民们会在新稻收获之时着盛装、唱山歌,举办一年一度的"尝新节",将新米制作成新米饭、新米糕等,来到自己的稻田里上香祭拜五谷神,祈求五谷神不收回粮食,保佑来年也一样能够获得大丰收。

(二)石母和树神

畲族多居住在山林中,村寨附近多有古树和巨石。由于这些大树和石头形态奇特,被畲民们看作神灵的化身:树是树神,畲民认为古树长寿、有生命力;石为石母,石母在灾害来临时能庇佑人类。畲族生儿育女时要祭拜"树神"(见图5-10)和"石母",请求保佑子女平安长大。每逢节日、发生自然灾害或家人生病时,畲民会到"石母"和"树神"跟前烧香祭拜,寻求庇护。为了将子女托给"树神"和"石母"庇佑,景宁地区畲民给子女起的名字常带有"树"字或"石"字,比如叫"树生""树健""树发""石生""石贵""石禄"等。包凤村村监会主任雷岩深在与调研团队谈及畲族石母崇拜时,告诉我们他自小祭拜石母以求平安,他名字中"岩"也因带有"石"字而取。

---

① 邱国珍.浙江畲族史[M].杭州:杭州出版社,2010:96.

图 5-10　树神崇拜——樟树

（三）猎神

狩猎是过去畲族除农耕之外的重要生产方式之一，畲族有着悠久的狩猎史，逐步形成了畲族的猎神崇拜习俗。狩猎的畲民非常信奉猎神，在出猎前要到猎神庙祈祷平安和收获，出猎归来要将猎物宰杀后在猎神坛前供奉，并当着猎神的面给所有参与狩猎者分配猎物。猎户们不仅在狩猎前后祭拜猎神，逢年过节都要准备祭品供奉祭拜。

畲民普遍信奉的猎神是"射猎师爷"，也叫"射猎师公"或"射猎仙师"，各地叫法不同。打猎前，猎手们手持香火，向"射猎师爷"祭拜，祈求猎神保佑猎队能收获更多的猎物。打猎结束，要先抬猎物到"射猎师爷"面前，点香燃竹，祭谢猎神的保佑和恩赐。祭拜完毕，鸣枪数响庆祝丰收，再按照各人贡献大小分配猎物。

除了"射猎师爷"外，在不同的畲族地区，畲民们信奉的猎神多有不同。广东潮州凤凰山畲族村的猎神有雷万兴，闽东畲族的猎神是车山公、雷万春、吴三公等，都是畲民中精于狩猎者，因而被尊称为猎神。景宁地区畲民信奉的猎神并不是什么神仙，供奉在猎户家中的猎神，一般是做过猎手的祖先或者当地出现过的狩猎高手，各村各地都不相同。如大张坑村猎手信奉汤三相公，张后山村猎手崇拜七十二相公，还有大畈洋村的陈十八相公、安亭村的雷三里先师、吴布村的撇脚仙等。[1]

　　如今狩猎活动早已退出了畲民的生产生活，但在畲族地区畲民对猎神的信仰依然存在，认为猎神是族内英雄，有保平安和丰收的职能。从安亭上寮村的猎神雕塑可见，当地的狩猎文化和畲民对猎神的崇拜延续至今（见图5-11）。

图 5-11　安亭上寮村的猎神雕塑

（四）菇神

香菇是庆元、龙泉、景宁3县重要的传统农产品，在景宁县敕

---

① 雷光振. 猎神与畲族狩猎[J]. 东方博物，2010(4)：117.

木山一带传统畲族村落也有大量种植。菇神是香菇的祖师爷"吴三公"，是庆元、龙泉、景宁 3 县的菇民朝拜的对象。《景宁畲族自治县志》载："吴三，名昱，生于宋绍兴元年(1131 年)，世居深山，发现一种菌蕈味鲜而无毒，常采以食之，且有强身之功。后吴三公又从被砍倒的树木上发现同样的菌蕈，多从刀斧砍过的坎中长出，坎多处蕈多如鳞，坎少处蕈亦稀少，后经搭寮试验后发明出种植香菇的'砍花'之法。"①此外，他还发现被摇动过的树木上菌蕈长势更加旺盛，又总结出"惊蕈"的技艺。吴三公从劳动实践中总结出来的这套香菇种植技术，开创了人工培育香菇的先河，大大提高了香菇的产量，被公认为香菇生产的始祖。庆元、龙泉、景宁 3 县的菇民为纪念他的功德，尊奉他为菇神。菇民们把每年的农历七月十三日起连续十天定为供奉菇神的进香期。

四、原始图腾崇拜

景宁地区畲族常见的图腾是凤凰，畲族聚居地流传着始祖三公主的传说。三公主是畲家女始祖，她贤惠聪明，不贪宫廷富豪生活，随夫携子举家迁居凤凰山，躬耕垄亩，开发山区，被畲族尊崇为宇宙女神。畲族妇女仿三公主的装束，头戴凤冠，梳凤凰发髻，身穿凤凰装。福建连江、罗源和浙江景宁、云和等地畲族妇女梳"凤凰头髻"；福建福安、宁德等地畲族妇女梳"凤身髻"；福建福鼎、霞浦和浙江苍南、平阳、泰顺等地畲族妇女梳"凤尾髻"。在景宁，凤凰图案广泛出现在服饰、建筑、家具及日用品上。

民俗信仰景观基因小结：景宁地区畲族传统村落的民俗信仰

---

① 柳意城，景宁畲族自治县志编纂委员会.景宁畲族自治县志[M].杭州：浙江人民出版社，1995：202.

按照信仰对象分类,主要有祖先崇拜、民间多神崇拜、自然崇拜和凤凰图腾崇拜4类。按照信仰对象分类,本书提取与景宁地区畲族传统村落民俗信仰相关的景观基因如下:

(1)祖先崇拜:始祖和祖先;

(2)民间多神崇拜:汤三公、汤夫人、陈氏夫人、马氏天仙、插花娘娘;

(3)自然崇拜:土神、五谷神、石母、树神、猎神、菇神;

(4)原始图腾崇拜:凤凰。

第三节　民俗特征基因

民俗又称民间文化,是指一个民族或一个社会群体在长期的生产实践和社会生活中逐渐形成并世代相传、较为稳定的文化事象,可以简单概括为民间流行的风尚和习俗。景宁地区畲族在长期的社会生活中,根据自己的生产和生活方式逐渐形成了独具一格的风俗习惯和民俗文化,如"刀耕火种"的生产民俗,"客饮三道茶"的生活民俗、"一头锣鼓一头药,两头总有一头着"的医药民俗,还有各种传统节日民俗等。

一、生活习俗

(一)饮食习俗

饮食习俗是生活习俗的重要组成部分。过去畲族种火田,以种植番薯为主,还种植玉米、小米、高粱、大麦等杂粮,种植的稻米主要是旱稻,无水而熟,产量很低。平日里畲民的主食也是以番薯为主,珍贵的米饭一般用来招待贵客,只有少部分的富裕人家才能常年吃米饭。畲民一般每天只吃两餐,在体力消耗大的农忙时节才会吃三餐。浙江景宁地区畲族村落有一甑要煮三种饭的饮食习俗："白米饭招待客人，半米半番薯丝饭供老人、小孩吃，番薯丝占绝大部分的饭给年轻人吃。"①这种习俗，充分体现了景宁地区畲族人民热情好客、尊老爱幼的淳朴民风。20 世纪 80 年代以后，畲族的水稻种植受新型农业科技的影响，产量得以提高，畲民的主食逐步转变为大米。除大米和番薯外，适合山地、溪地环境种植的芋头和土豆也是畲民喜欢的主食。由于大米产量增加，番薯逐渐变成畲民的副食和动物饲料。

除番薯丝外，高粱和玉米等也是景宁地区畲民常食用的杂粮。高粱用来烤饼，也可碾碎后做高粱糊吃。玉米也是磨成细粉，和米一起炊制，称"包罗糊"。此外，畲民还会把高粱、玉米、小米、大麦等杂粮碾碎后一起搅糊吃。畲民喜食山中的野生植物，如蘑菇、竹笋、山药和一些野菜。平日里畲民还种植各种蔬菜瓜果为食，常见的蔬菜有白菜、青菜、芥菜、萝卜、芹菜、茄子、豇豆、南瓜、葫芦瓜、苦瓜、冬瓜、黄豆等。

在 20 世纪 80 年代以前，畲民食用的菜肴以腌渍食品为主，便于长期储存。畲民日常以咸菜、咸鱼等佐餐。他们经常腌渍的是芥菜和萝卜，把芥菜按一定比例撒上盐放进陶缸中密封一个月，即腌成"糟菜"。萝卜加盐放进陶缸中可腌成"咸萝卜"。萝卜切条加盐后晾干，放入陶缸中数日，拿出后晾晒几日，再放入陶缸再次腌渍，如此反复腌渍入味晾晒后，可腌得"萝卜干"。

不管天气冷热，不论吃主食还是菜，畲民都喜爱吃热食和熟食，这个习惯和汉族相同，是畲民饮食区别于其他少数民族的特点。在过去，畲族家家户户都有"风炉"（一种泥制的小火炉，常用

---

① 邱国珍.浙江畲族史[M].杭州：杭州出版社，2010：105.

炭火加热)。畲民习惯把风炉放在餐桌中间,在上面放一口小铜锅或小铁锅,加水涮菜吃。景宁畲族地区海拔较高,秋冬时节气候寒凉,畲民们最爱食用火锅。底锅是自制的咸菜锅,加以常见的蔬菜,如大白菜、萝卜、丝瓜、冬瓜、芋头和山间的笋、野山菌等野菜涮着吃,咸鲜适口。在畲族山区,过去畲民常常只穿过膝长衫并赤足,用火锅吃热食能够帮助畲民祛除寒气,保持身体康健。即便是已经炒熟的菜,凉了之后畲民也要用风炉加热后再吃。畲族人请客办酒席时,也是将一道道的菜肴倒进风炉上的小锅中加热后再吃。一般的畲族家庭一年中有大半时间要使用风炉加热食物,有老人的家庭几乎每天使用。

除了上述一些饮食习惯外,畲族饮食习俗特色还体现在不同时节的美食、茶俗和酒俗等方面。

1. 乌米饭

每年的农历"三月三"是畲族的传统节日。畲民们用山上的乌稔树(又称乌饭树)的叶汁浸染自己种植的优质糯米做成乌米饭款待亲友,故"三月三"又称"乌饭节"。这一天,有的地方还要举行对歌活动。三月三吃乌饭的习俗源于1300多年前唐代的一个传说:"畲族英雄雷万兴率领畲民抗击官兵时在山中遭遇断粮之困,后在山中摘得乌稔果充饥,终于度过危机取得胜利。到了次年的三月初三,雷万兴突然回忆起香甜的乌稔果。可这时正值春日,乌稔树刚刚长出嫩叶,还远不到摘果的时候。他的部下就用乌稔叶和糯米一起煮成黑色的乌米饭,雷万兴食之清香可口,非常喜欢,便下令畲军在每年的三月三都炊制乌米饭,以纪念取得的胜利。"三月三吃乌饭的习俗被畲族后人代代相传,景宁地区畲族也保留了这个饮食习俗。

乌米饭乌黑油亮,香气扑鼻,制作也有一定的讲究。先是摘取乌稔树的嫩叶,嫩叶汁水更加丰富,也更加清香。为确保口感新鲜,当天就要将叶子放在石臼中用木槌充分捣烂至糊状,然后倒入清水浸泡十几分钟,乌饭叶和水的比例约为1∶5(比如250克乌饭叶约需配1250克清水)。再将混有叶渣的水倒进纱布包中过滤并继续揉搓挤压,滤出更加浓稠的汁水。汁水是靛青色,含有丰富的花青素。取优质糯米在汁水中浸泡一夜(12小时以上),糯米变成紫黑色再放入木甑中蒸熟。糯米和乌饭叶水的比例约为1∶2.5,1250克的乌饭水大约可以浸泡500克糯米。糯米的品种一定要精选,以确保乌米饭的口感。乌米饭蒸熟后,还可以加入白糖或红糖调味,也可以加入瘦肉、香肠和香菇等食材做成咸的口味。

用乌稔树叶制作的乌米饭不仅美味香甜,还营养丰富,具有强身健体的功效。乌稔树又名南烛,常用别名乌饭树、米饭花、饭桶树。果实和叶、茎均可入药。南烛味酸、甘,性平。归肝、肾、脾经。可补肝肾,强筋骨,固精气,止泻痢。主治肝肾不足,须发早白,筋骨无力,久泄梦遗,带下不止,久泻久痢。①

2. 灰碱粽和菅叶粽

每年到了农历五月初五端午节这天,景宁地区畲民常做灰碱粽和菅叶粽。用灰碱水浸泡过的米做成的粽子色泽金黄,气味清香,口感筋道。先用灰碱水浸泡糯米,然后用野生箬叶包成三角或牛角的形状,再用龙草捆扎后蒸煮。灰碱有防腐抗菌的作用,灰碱粽可以保存很长时间(半个月左右),在过去人们出远门常带灰碱粽作为干粮。天然灰碱水含有大量的碳酸钾和一些矿物质,

---

① 刘建福,王河山,王明元.常见药用植物图鉴400种[M].广州:广东科学技术出版社,2021:241.

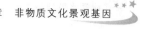

有助消化、防止肥胖的功效,是非常健康的食品。畲族的菅叶粽(又称菅粽),是用菅草的叶子把粽子包成长条形,像管状枕头,再用龙草捆扎成五节。畲语中的"菅"念"甘"的音,菅粽又叫"甘粽",因形似枕头又称"枕头粽",捆扎成五节又称"五节粽"。

3.豆腐娘

在景宁,畲民用石磨磨豆子,不一定是要做豆腐,而是为了做一道美味的家常小菜"豆腐娘",这是畲民年夜饭桌上必不可少的一道美食。"豆腐娘"这个名字听起来颇有点奇怪,"娘"是"母亲"之意,因而"豆腐娘"有"豆腐之母"之意。从前对景宁地区畲民而言,制作豆腐的食盐难得,为了减少用盐,豆腐娘是将大豆或青豆以石磨磨成浆之后直接下锅加水煮制而成的。大豆做的豆腐娘颜色雪白,而青豆做的豆腐娘色泽青绿,加上辣椒、咸菜、香菜等调味,清香扑鼻、口感绵柔,是一道畲乡难得的美味。畲民喜在桌上架起火炉,炉上放小铜锅做火锅,豆腐娘可以作为火锅的锅底,用于涮鱼肉和蔬菜食用,也同样美味可口。景宁地区畲族一直流传着一则和豆腐娘有关的传说:"很久很久以前,有位神仙化作饥饿的老人来到景宁畲族山区,善良的雷姓妇人同情他,就拿出家中仅剩的一把毛豆送给老人,但高龄的老人根本无法吞咽。神仙教妇人用石磨将毛豆碾碎,然后将碾碎的毛豆和汁一起煎煮。老人喝了这样制作的毛豆汁后满意地点头"。一传十,十传百,美味的豆腐娘在景宁畲族地区流传开来,畲民无不喜爱这道家乡美食。畲民认为是上天赐予了他们学会制作豆腐娘的机缘,事实上这道美食与畲族群众的勤劳和智慧是分不开的。

4.糍粑

景宁地区畲民在过年、七月半和冬至时都要做糍粑,在畲族有"时来运转"之意。先把糯米浸泡一天,直至大拇指和食指一捏即碎即可,然后将糯米沥干。将沥干的糯米放在木甑中蒸熟后,装入石臼趁热舂烂成面状,再搓捏分成小圆饼或团状备用。食用时把糍粑蒸熟,雪白的糍粑在黄豆粉、花生碎里滚一滚,再裹上细白糖或红糖,咬一口又软又甜又糯,十分美味。

5.黄粿

在不同的节日,景宁地区的畲民会做不同的节日食品。春节前除了要做前面提到的豆腐娘外,一般从腊月十五开始,景宁地区的畲民会做一道特色年味——黄粿。制作时,先把一种特别的碱树枝条烧成灰,用开水冲进木灰中再过滤得到黄色的灰碱水。然后把粳米用灰碱水浸泡后蒸熟,再用石臼(现在多用机器)加工而成,口感筋道香糯,比糯米年糕更有嚼劲。

6.畲族千层

景宁地区的畲族还有一种常见的点心是米糕,在中秋、冬至和过年时畲民都有吃米糕的习俗。因为是分层制作,做好的米糕有好几层,所以又叫畲族千层。畲族千层有甜和咸两种口味。甜的千层可以在制作时加糖,也可以蒸熟后蘸着白糖食用。爱吃咸的可以将切成块状的千层加油煎至两面金黄再撒盐调味,还可以切块和青菜一起烧汤吃。千层制作时有的放碱,有的不放碱。放碱的色泽金黄,不放碱的颜色雪白。

畲民一般制作放碱的米糕,碱水是天然的草木灰水。将粳米用草木灰水浸泡一夜,加入山上采来的黄栀和槐花一起磨成黄色的米浆,再加入自制的糖浆混合在一起,在蒸笼内的纱布上倒一层,蒸至六七成熟(这时米糕是透亮的金黄色),然后再倒上一层米浆继续蒸,如此重复数层直至蒸熟所有米浆。自制的糖浆也很有讲究,可以赋予米糕色泽和甜甜的口感。糖浆由白糖、红糖和冰糖熬成,白糖和红糖的比例约为 3∶5,冰糖适量。白糖提供甜度,红糖有颜色和香气,冰糖可以提亮米糕的光泽。待米糕出锅时,可以看到热气腾腾、层次分明的黄色米糕,混合着黄栀、槐花、糖和米的香气,令人垂涎欲滴。米糕较厚,待冷却后,一般将两根有一定强度的棉线呈十字交叉平放在米糕上方,两人合作将米糕快速翻面,再将两根棉线的 4 个端头分别提起,就可以将米糕均分成 4 大块,然后再用刀切割成菱形小块方便食用。据景宁当地的畲民介绍,他们最爱逐层剥着吃米糕,慢慢享用米糕的美味。

7. 茶俗

景宁山区的土壤和气候条件非常适合茶树生长。1979 年版的《中国名茶》载:唐大中年间(847—859 年),景宁已人工栽培茶叶,惠明寺村及漈头村所产茶叶品质尤佳。[①]

景宁地区的畲族几乎家家户户种茶制茶,人人都爱茶。在畲民的日常生活、逢年过节、婚丧嫁娶等各种场合,都能看到茶的踪迹。村邻串门时以茶助兴,山区农妇串门,女主人常以咸菜供客佐茶,谓之点茶或"吃咸菜"。茶间畲民请客吃点心,亦称"请吃茶",意为食物菲薄。[②] 春节喝的是"新春茶",正月外出前要喝"出行茶",腊月里要敬"送神茶",祭祀神明和祖先也要用"茶酒"。

畲民热情好客,"人客落寮便泡茶"[③]。畲民爱喝茶,习惯用大碗泡茶,待客也是如此。"三碗茶"是畲乡普遍的茶俗,吴布村的畲民将这一招待客人的习俗保留至今。在景宁县吴布村,茶叶多

---

① 柳意城,景宁畲族自治县志编纂委员会.景宁畲族自治县志[M].杭州:浙江人民出版社,1995:164.

② 柳意城,景宁畲族自治县志编纂委员会.景宁畲族自治县志[M].杭州:浙江人民出版社,1995:517.

③ 邱国珍.浙江畲族史[M].杭州:杭州出版社,2010:107.

在清明后谷雨前从路边的老茶树采得，纯手工制茶，泡第三碗时茶汤依然醇厚。主人按照客人的人数，几人就准备几只茶碗。主人泡茶敬茶后，客人不能放着不喝，也不能只喝一碗，一般要喝两碗，因为畲民认为"只喝一碗是无情茶"，是不礼貌的，主人心里也会觉得不舒服。当冲泡第三碗茶时，客人若不想喝则可以不喝。畲族有"一碗苦，二碗补，三碗洗洗肚"一说，一般茶叶的营养在泡第二道时已经释放出大半，喝过第二碗已经"补"了，第三碗喝不喝就无所谓了。如果客人非常口渴，第三碗喝完后还可以重新放茶叶再泡新茶，喝到解渴为止。

8. 酒俗

景宁地区的畲民爱茶，也爱酒。于畲民而言，酒是日常生活、节日和红白喜事的必需品，在各种场合承担着待客、礼仪等多重功能，很多场合都离不开酒。景宁地区的畲族无论男女老幼，对酒的喜爱如出一辙，平时吃饭、聊天、田间劳动都要喝酒。老人爱喝糯米酒，男人爱喝番薯烧酒（一种以番薯为原料酿成的白酒，清凉且香醇），女人爱吃以酒为调料做的酒炒鸡，坐月子时每天吃一碗热酒（红曲酒这时被称为月子酒，认为有强身、产后下奶、增奶的功效），小孩子们则爱吃甜甜的酒酿糟。

景宁地区的畲民请客吃饭，如果没有用酒招待客人，就和没有请客无异。畲民有建房时的"树寮酒"，上梁时的"上梁酒"，还有"生日酒""定亲酒""嫁女酒""讨亲酒""祭祖酒""讨位酒"等。[①]春节是畲族隆重的传统节日之一，畲民跨进农历十月农闲时节就开始自酿"过年酒"，用糯米酿"米酒"。

畲族酿酒的原料丰富，有用糯米酿的"米酒"，口味醇香甜美；

---

① 邱国珍. 浙江畲族史[M]. 杭州：杭州出版社，2010：107.

也有用小麦酿造的"麦酒"。最受景宁地区畲民喜爱的当属红曲酒，用糯米浸泡后沥干，再蒸熟，按照一定的比例加水，并拌入自制的红曲发酵酿制而成。红曲酒呈胭脂般的紫红色，非常喜庆，又被当地称为"红酒"。红曲酒酿制简单，色泽、口感俱佳，且酒精含量不高，酒精度数一般为 10～15 度。红曲酒不仅在逢年过节、生日喜宴、祭拜祖先时使用，在农忙季节畲族村民也经常作为饮料使用，是畲民劳动后调节身心、强身健体和缓解疲劳的良伴。在景宁县吴布村，畲族家家户户都酿红曲酒，每年要酿 3 回，分别在插秧、割稻和过年前。插秧和割稻时，酒用来款待农忙时节前来帮忙的村民，过年酒则用来招待客人。酒过滤后得到的酒糟被畲民制成白酒，在烹制肉类时使用，是一种极好的调味佐料。

景宁地区畲民也有酿造绿曲酒的，他们认为绿曲酒的风味口感更佳。自唐永泰二年（766 年）至今，景宁地区畲族绿曲酒的酿制工艺已经延续了 1200 多年，可谓源远流长，并由畲族雷氏单传，对外不语。① 绿曲酒工艺较复杂，采用深山的植物和精选大米，加入山泉水、绿曲、糯米经过多道工序酿制而成，富含多种天然活性营养成分。

（二）婚嫁习俗

畲族崇尚一夫一妻制，尊崇女性。在旧时畲族主张内部嫁娶，不和汉族通婚。《高皇歌》中唱道："高辛皇帝曾叮咛，蓝雷钟姓自结亲，有女莫嫁外埠佬（指汉人），锄头底下有黄金。"②景宁地区畲族的婚嫁方式有女嫁男家、男嫁女家、做两头家以及子媳缘

① 白真.社会转型期我国传统体育文化的价值体系与实现路径研究[M].上海：上海交通大学出版社，2021：169.
② 柳意城，景宁畲族自治县志编纂委员会.景宁畲族自治县志[M].杭州：浙江人民出版社，1995：135.

亲等。这里主要介绍女嫁男家的婚俗，其他婚嫁方式的仪式较为简单。

先是男方到女方家里相亲，畲族称为"睇婆娘"。女方到男方家中相亲叫"睇人家"，如若相中则互赠礼物定婚。定婚时男方会托媒人送礼物上门，女方则回赠以亲手编织的彩带以定情，因此彩带又叫"定情带"。

办婚礼时新郎要亲自前往女家迎娶，称"行嫁"。男方需请"车郎"1人、"行郎"2人以及"扛嫁"数人同行。"车郎"是对歌手，在整个婚礼过程中承担着重要任务，婚仪歌贯穿婚礼的整个过程。"行郎"是男家派遣到女家迎亲的人，一般是新郎的亲朋好友。"扛嫁"则是扛嫁妆的人，人数视女方准备的嫁妆数量而定。过去嫁妆多为一些木家具和农具，以及一些稻、麦、豆、花生等作物种子，寄托了希望新人早生贵子、开花结果的美好愿望。时至今日，嫁妆种类有了更丰富的内容，但作物种子作为嫁妆的习俗沿用至今。女方有陪伴新娘的"接姑"和"照火郎"各2人。在婚礼前一天女方的阿姨、舅母、姑嫂、姐妹们用杉刺拦住寮门外的大路，不让迎亲的红轿通过，目的是让男方的迎亲队伍多放鞭炮、多递红包，以渲染气氛。迎亲队伍到达时，媒人放3只响炮，女方也立即放2只响炮表示已做好迎接准备，并要求对歌。此时，"车郎"需用右手折下3枝拦路的杉木枝抛到路旁，另折1枝抛至路下，表示已清楚亲家的安排，再递上"接礼包"，女方的舅母、姐妹们接过后放行。对歌放行后，女方又关上寮门，要求男方再放炮仗，直到对方塞红包后方可进门。《拦路歌》长达14条，在红轿抬至大路到进门前双方一直在对歌。这首歌生动形象地描绘了景宁地区畲族迎亲过程中的风俗习惯，是婚仪歌的一部分。

进寮后，肩挑礼品的"车郎"将礼物摆在中堂首席位置，迎亲队伍每人吃一碗肉丝面,然后脱草鞋,洗脚后换新布鞋,即"脱鞋礼"。紧接着就是行"举礼",男方和女方家族中较有威望的长辈各2人或4人分别排成一排站在中堂左右两侧,两两相对作揖行礼。行礼时为表尊敬,常常一揖到底,手掌及地,像极人们在田间捉田螺的姿势,故又叫"捉田螺"仪式。

午餐由女方请"落脚酒",晚餐则由男方在女方家"借锅",宴请女方客人,以感谢长辈亲朋对新娘的养育之恩,称"请大酒"。女方家人在楼上中堂的祖宗香案上点好香烛,车郎来到厨房"借锅"。这时,阿姨、舅母端着盛有猪肉、点着香烛的米筛或盘子向车郎作揖。车郎作揖回礼后再作揖拜灶神,接过米筛后开始唱歌赞美女方。

女方姑嫂、姐妹们则藏好锅具,等车郎唱借锅歌来借。接着,车郎开始唱跟炊具有关的"谜语"山歌,车郎唱一样拿一样。如果唱漏了哪样炊具,女方也不会明讲,还要让车郎再唱一遍,重新借齐炊具。

唱罢,车郎就开始杀鸡,先在地上摊开"拦腰"(围裙),拦腰上放一只盛鸡血的小碗。车郎杀鸡时,如果有鸡血滴到小碗外面的拦腰上或地上,一滴要罚一碗酒。为了多罚车郎喝酒,女方姑娘们常常在车郎背后推搡打闹,使鸡血滴到小碗的外面。车郎一般快速把鸡杀好,滴两滴血在小碗内,把鸡头夹进翅膀就走。车郎杀完鸡,把刀放进米筛,再放上"厨师包",双手端至厨师面前,作揖请厨师下厨烧菜,至此"借锅"仪式完成。整个借锅的过程充满了欢歌笑语和对新人的美好祝福,是景宁地区畲族独有的婚嫁习俗。

晚餐时,女方的舅公、舅舅等贵宾坐中堂首席。新娘端着一只米筛或木盘,米筛中点燃一对红烛,一把酒壶,两只酒杯,一个红包,在女方对歌手的陪伴下,先敬舅公,唱《敬酒歌》。

唱罢,新娘捧杯敬酒,舅公则先在米筛中放一个红包后,接过酒一饮而尽。然后逐桌唱歌劝酒,每人给一个红包。女方歌手为了让男方多掏红包,还要和行郎对歌,唱"撬蛙歌"。

晚餐后是非常热闹的对歌,直至天亮。因往来亲朋众多,女方寨内没有足够的床铺供宾客休息,宾客们以对歌来度过漫漫长夜。女方歌手先唱"鹊桥相会",男方唱"度亲歌""嫁女歌""采茶歌""结成双""恩爱夫妻歌"等婚恋主题的山歌。双方一直唱到天将亮,男方再唱《催亲歌》,请新娘打扮,准备动身去往男家。

新娘动身前,"接姑"点燃红烛,提两只灯笼,请一位父母双全的姑娘递给新娘一把半撑开的伞,新娘回以"开伞红包"后,将半开合的伞撑在头上,到中堂进两步退三步,此时放炮,新娘上轿或和新郎并肩携手而去,称"行嫁"。

新娘在去往夫家的路上也有诸多需要注意的地方。一是尽量在天亮前赶到夫家,避免行路时遇到生人或者孕妇。新娘随身携带桂圆,在遇到生人或孕妇时可用于化吉。如果遇到两个新娘同日出嫁,需要走同一段路,两家需要先协商好,一般让路途远的先出发。后出发的新娘就用角系红布的黄牛(踏路牛)在前面开路,由牛踏过的路即为新路。娘家富裕的话,"踏路牛"就是新娘陪嫁。

第七天新郎新娘回门,婚后的第一个春节,新人也要回岳父母家"做新客"。

生活习俗景观基因小结:饮食习俗和婚嫁习俗是景宁地区畲族传统村落生活习俗的重要组成部分。除了一些饮食习惯外,景宁地区畲族有众多的特色美食及其相关习俗,以及关于饮茶和饮酒的习俗。婚嫁习俗包含了一系列礼仪环节,蕴含着景宁地区畲

族独特的文化精神。本书提取的与景宁地区畲族传统村落生活
习俗相关的景观基因如下：

    (1)饮食习俗：乌米饭、碱水粽、豆腐娘、糍粑、黄粿、畲族千
        层、茶俗、红曲酒和绿曲酒；

    (2)婚嫁习俗：杉枝拦路、捉田螺、落脚酒、借锅、请大酒、撬
        蛙、夜间行嫁、牛踏路。

二、生产习俗

    畲民迁入浙西南时，自然条件好的地方已所剩无几，他们只
得进深山结庐，分散在山区各处搭窝棚而居。因自然条件险恶，
土地贫瘠，农作物产量低，水稻只一年一熟。然而，畲族是一个极
富吃苦耐劳精神的民族，为了弥补经济收入，他们挑炭贩薪、种
茶、放牧牛羊和狩猎，部分沿海地区的畲民则从事渔业。平日里，
畲民无论男女，黎明即起，早饭后即携工具或背婴儿赴田间劳作，
或入山砍柴、采茶、挑担、拔草。[①]

    畲民初迁入浙江时，垦荒地种粮食，沿用的是"刀耕火种"的
传统生产方式。这一生产方式一直延续到20世纪中期，畲民土地
改革分得土地等生产资料后才得以结束。

    畲族的"刀耕火种"，主要有"斫畲""烧畲""种火田""包罗杖"等
播种习俗，是畲民根据环境条件采用并沿袭的耕种方式，充分体现
了畲民的勤劳与智慧。"斫畲"，是用刀斧砍倒山上的草木。烧畲，
是待草木干枯后从山顶点火往下烧山。唐代刘禹锡的《竹枝词九首
·其九》诗中有云："山上层层桃李花，云间烟火是人家。银钏金钗

---

    ① 王克旺,雷耀铨,吕锡生.关于畲族来源[J].中央民族学院学报,1980
(1):89.

来负水,长刀短笠去烧畲。"这首诗生动地描绘了春日里花开遍野的山间美景,戴着银钏金钗的女子下山担水,使田里有足够耕种的水量,挎着长刀、戴着短笠的男子上山烧畲,准备耕种的情景。宋代陆游的《村舍》诗中写道:"山高正对烧畲火,溪近时闻戽水声。"这两首诗均为描述畲民烧荒种田的场景,想来各地畲民烧畲的情景应与之相似。烧荒后等山凉透,有雨时再播种,这种耕种方式被称为"种火田"。烧荒后的草木灰可作肥料,有利于耕种。因山地多缺水,景宁地区畲民多种植耐旱的农作物,如种植苘、苎麻、红薯、姜、芋头、茄瓜等。畲民大多在山地耕种,这里不得不提一种播种农具"包罗杖"。包罗杖用毛竹制成,手杖长短,将竹节打通仅余底部一节,节上穿孔洞,竹筒下部削尖。种植时把种子放在竹筒内,尖端戳地,种子落入土中,在陡峭的山地种植时非常便利,体现了畲民的勤劳与智慧。

除种火田外,畲民亦种水田。地处浙南山区的景宁县,有"九山半水半分田"之称,一些山垄田可种植水稻。在长期的生产劳动实践过程中,景宁地区畲民形成了许多种稻谷的习俗,大都为了祈祷风调雨顺,庄稼无病无害、五谷丰登。一般浸谷时,畲民要点香烧纸,祭拜五谷神。谷子播种落泥时,畲民还要再一次在田间地头点香烧纸来敬五谷神。拔秧苗准备种植水稻之前,畲民要选择良辰吉日,准备好猪肉、豆腐、三牲、米饭、米酒和熟鸡蛋等,敬五谷神和土地神,称为"开秧门"。开秧门后方可拔苗种苗。收稻子时,畲民有选吉日"尝新米"的习俗。畲民"尝新米"的日子根据稻谷成熟的时间而定,一般在农历八月,若种的是双季稻则在农历六月。亲友间会错开日期来往互相祝贺,用新米做成"米糕""米饭"或其他食物,并准备好肉、鸡和豆腐等菜,摆在天井内或大门外的桌案上,依次祭天地、祭祖先、祭五谷神、祭土地神。祭拜

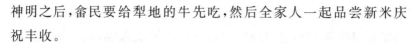

神明之后,畲民要给犁地的牛先吃,然后全家人一起品尝新米庆祝丰收。

生产习俗景观基因小结:景宁地区较为典型的生产习俗是稻作习俗,为了祈祷能获得丰收,畲民在种植稻谷的过程中多有祭祖、祭神环节。

根据景宁地区畲族的种稻习俗,本书提取与景宁地区畲族传统村落生产习俗相关的景观基因为:浸种、种子落泥、开秧门、尝新米。

三、节事习俗

(一)三月三

"三月三"是畲族非常重要的传统节日,在这一天畲民有"吃乌饭"的习俗,有些地方还举行"三月三歌会"。详见前文饮食习俗——乌米饭章节。

(二)封龙节

"封龙节"又叫"分龙节",是畲族的传统节日。"分龙"为夏至后的第一个辰日。相传,夏至后逢辰日,是天帝派风、雨、雷、电4位龙王到畲山就位的日子,因为"龙过山"可能会发生雷雨冰雹,损害庄稼、祸及人畜,畲族便在此日"分龙",好让龙王平和肃静就位,以祈祷风调雨顺、五谷丰登。[①] 在这天畲民不干农活和家务,穿盛装,唱山歌、赴舞会,到处都是欢歌笑语。

(三)祭祖日

畲族奉行祖先崇拜,认为祖先会庇佑家宅平安,人畜兴旺。

---

① 　邱国珍.浙江畲族史[M].杭州:杭州出版社,2010:208.

畲民除了在除夕、春节、清明、端午、中秋、冬至等节日和婚丧嫁娶等重要日子举行祭祀活动外，每逢初一、十五也要点烛焚香祭祖，这些是畲族的祭祖日。畲民住宅的中堂大多设有祖宗香案，时时祭拜供奉。一些畲族村落将农历二月十五、七月十五和八月十五定为祭祖日。

（四）做福

"做福"是畲族特有的习俗，一年四季都有"福日"。正月立春福，正月十五上元福，二月秧福，五月插田福，六月辰日尝新米，七月立秋福，八月白露福，十二月满年福。① 不同的地方"福日"叫法有所不同，景宁的畲族还有立夏福、端午福和完满福等。这些福日一般对应节气，围绕农事，畲民通过在不同的福日祭拜土地神、五谷神等祈祷或祭谢平安和丰收。

节事习俗景观基因小结：在景宁地区畲族传统村落中，三月三是最为隆重的节日，此外还有封龙节、祭祖日、做福等，这些传统节日大多与农事生产和饮食习俗有关。本书提取与景宁地区畲族传统村落节事习俗相关的景观基因为：三月三、封龙节、祭祖日、做福。

四、医药民俗

自古畲民生活在生存条件恶劣、交通不便的山林之中，住所简陋、卫生条件差，畲族地区传染病和地方病的发病率较高。畲民所患的疾病主要有疥疮、痢疾、疟疾、天花、肝炎、肺结核、甲状

---

① 柳意城，景宁畲族自治县志编纂委员会.景宁畲族自治县志[M].杭州：浙江人民出版社，1995：140.

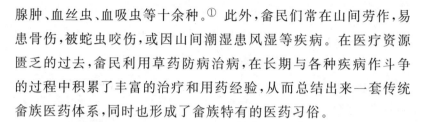

腺肿、血丝虫、血吸虫等十余种。① 此外,畲民们常在山间劳作,易患骨伤,被蛇虫咬伤,或因山间潮湿患风湿等疾病。在医疗资源匮乏的过去,畲民利用草药防病治病,在长期与各种疾病作斗争的过程中积累了丰富的治疗和用药经验,从而总结出来一套传统畲族医药体系,同时也形成了畲族特有的医药习俗。

(一)畲族医药

畲民在长期与疾病作斗争的过程中形成了独特的疾病观和疾病分类方法。畲医认为,人的生命由心、肝、肺、脾、肾、胆六脏的神来主宰(通常简称为"六神"),认为人体有 26 骨节、72 筋脉、12 条血路、28 脉,依靠气血筋脉来维持生命,人体气血旺盛,筋脉顺畅,生命活动就正常,人的身体就健康②;若气血不足、筋脉不畅,人的身体就羸弱;若气血不调,或气血衰弱,筋脉滞阻,瘟邪侵蚀,则疾病发生;如气竭血枯,筋痉脉止,则生命活动就停止。畲医把疾病分为寒、风、气、血症和杂症五大类,每大类又根据症状分为 72 种。③

景宁山区的地理环境和气候条件非常适宜植物生长,四季皆有丰富的植物药材资源。畲医出诊一般随用随采适用的青草药治病,因而畲医又常被称为"青草医"或"草药医"。畲医认为鲜采的药材性能更好,常将无毒或微毒药材直接制成内服汤剂或外用洗剂等。只能在固定季节采收的草药,一般经粗加工后保存。

畲医大都使用祖传中草药秘方治疗疾病。他们各专一科,各

① 　浙江省少数民族志编纂委员会.浙江省少数民族志[M].北京:方志出版社,1999:313.

② 　陈泽远,关祥祖.畲族医药学[M].昆明:云南民族出版社,1996:15.

③ 　邱国珍.畲族医药民俗述论[J].中央民族大学学报(哲学社会科学版),2003,30(6):57.

有特点。在治疗方法上，内科、妇科、儿科、喉科等以中草药单验方为主，辅以针灸；外科采用内服清凉解毒草药与外敷相结合，少数仅用外敷治疗。有资料和调查研究对畲族民间用药情况进行统计分析，畲族民间用药达 2952 种，其中 500 余种为畲医常用药物，使用最多的为白茅根和车前草，其他常用药物还有伏地筋骨草、连钱草、千金拔（蔓性千金拔）、乌饭树（乌饭柴）、蜘蛛抱蛋、美丽胡枝子、五加皮（细柱五加）、黄连、阴地蕨、银线草、钩藤、苦爹菜（异叶茴芹）、栀子根、土茯苓、红葱木、白葱木、七叶一枝花、山姜子、当归、东风菜、山茵陈（阴行草）、鸡儿肠、了哥王（南岭荛花）、甘草、地骨皮、金银花和五倍子根（盐肤木）等，这些品种为畲族医药的主流品种。① 表 5-1 是参考相关文献整理的部分常用畲药植物。

表 5-1　部分常用畲药植物名录（来源：相关参考文献整理）

畲药名	通用名	科属	入药部位	性味	功效	主治
毛筋草根	白茅	禾本科白茅属	根、花	味甘，性寒	清热利尿，凉血止血，泻火止渴。	烦热口渴，吐血衄血，小便不利，哕逆喘急，血闭寒热，妇女崩中。
千年运、山姜	黄精	百合科黄精属	根茎	性平，味甘	能益脾胃，补中气，润心肺，填精髓。	痢疾，小儿腹泻。

① 崔箭,唐丽.中国少数民族传统医学概论[M].北京:中央民族大学出版社,2016:394.

续表

畲药名	通用名	科属	入药部位	性味	功效	主治
蛤蟆衣	车前草	车前科车前属	种子或全草	味甘、性寒	利尿通淋,清热止血。	泌尿系感染,肾炎水肿,小便不利,急性黄疸性肝炎等。
苦草、白地蜂蓬、大叶地汤蒲	伏地筋骨草	唇形科筋骨草属	全草	性寒、味苦	解毒消肿,止血活血,去瘀生新,疗伤止痛。	痈肿疼痛,咽喉肿痛,吐血咯血,跌打损伤,蛇虫咬伤,脚底垫伤肿痛,手掌等处刺伤。
连钱草	连钱草	唇形科连钱草属	全草	性平、味苦、辛、微酸,无毒	清热解毒,利尿排石,活血消肿。	尿路感染,尿路结石,肝胆结石,感冒,咳嗽,跌打损伤。
硬柴碎、乌饭奴	乌饭柴	杜鹃花科越橘属	果实、叶、茎	味甘、酸,微温	祛风,除湿,止痛。叶:解毒消肿。	补肝肾,止泻痢。
单张白箬	蜘蛛抱蛋	百合科蜘蛛抱蛋属	根茎	微苦、性平	活血通络,泄热利尿。	跌打闪挫,腰痛,经闭,头痛,牙痛,热咳,伤暑等。
马殿西、乌梢根	美丽胡枝子	豆科胡枝子属	全株及根	气微、味苦	清肺泄热,活血散瘀。	刀伤,跌打损伤。

续表

畲药名	通用名	科属	入药部位	性味	功效	主治
金钩吊	钩藤	茜草科钩藤属	钩藤、根	味甘、性寒	清热，平肝熄风，止痉。	小儿寒热，惊厥，抽搐，小儿夜啼，风热头痛，头晕目眩，高血压病，神经性头痛。
三脚风炉	苦爹菜	伞形科茴芹属	全草	味甘、辛，微温	化浊消积，利咽健胃。	咽喉肿痛，腹泻，小儿疳积，毒蛇咬伤。
鸭掌柴、半架风	树参	五加科	根、茎	味甘、辛，性温	祛风除湿，活血消肿。	风湿病，关节炎，半身不遂。
食凉茶	柳叶蜡梅、浙江蜡梅	蜡梅科蜡梅属	叶	性凉、微苦、味辛	祛风解表，清热解毒，理气健脾，消导止泻。	风热表证，脾虚食滞，泄泻，胃脘痛，嘈杂，吞酸等。
小香勾	条叶榕、全叶榕	桑科	根、茎	味辛、微涩、性平	利湿，健脾	消化不良，小儿疳积，腹泻，疝气。

（二）畲族的医药习俗

1.医药教育的习俗

畲族只有语言，没有文字，畲族医药在过去少有文字记载。畲族的医药教育采用的是口传心授的祖传制，且传男不传女（可传媳妇，不传女儿），不对外收徒。畲族大多是半农半医，很少有专职的畲医。这些跟畲族医药教育相关的习俗在景宁地区流传至今。

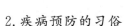

2.疾病预防的习俗

畲民在过去缺医少药的情况下,非常注重疾病的预防。在不同的时节选用不同的方式预防各种疾病,畲民形成了独特的医药习俗。春节前扫大年、饮椒柏酒,立春在庭院焚烧樟树枝或艾叶、石菖蒲。[①] 端午节家家包粽子,插菖蒲、艾叶,饮雄黄酒,小儿额抹雄黄,腰束蒲叶以辟邪秽。[②] 畲民们在饮用水中加明矾、雄黄、贯众等消毒,用艾草熏蚊子、鱼葛杀蛆虫等。这些习俗帮助畲民祛除、杀灭生活环境中的毒虫臭豸,提高卫生水平,有效预防了部分疾病。

3.以药入膳的习俗

畲族常将畲药中可以食用的品种与膳食结合,以药入膳,以膳代药,有防病、治病和养生的功效。景宁地区畲药可食用的品种较多,常见的有豆腐柴、乌饭树、苦益菜、紫苏、鱼腥草、黄精、马齿苋等,可单独成菜,也可和其他蔬菜或肉类一起烹饪食用。最有特色的要数马鞭草科植物豆腐柴做成的绿豆腐。豆腐柴味苦、微辛、性寒,具有清热解毒,凉血止血的功效。[③] 将豆腐柴的叶子加水,揉出汁水后去渣,再加入碱水做成的绿豆腐,是景宁畲乡的一道家常美食。

畲民爱茶,有"客人落寮就泡茶"的习俗。景宁地区畲族除了出产著名的"惠明茶"外,还有一种受欢迎的凉茶叫作"食凉茶"。

---

① 朱德明,李欣.浙江畲族医药民俗探微[J].中国民族医药杂志,2009(4):59.

② 柳意城,景宁畲族自治县志编纂委员会.景宁畲族自治县志[M].杭州:浙江人民出版社,1995:521.

③ 蒋洪,宋纬文.中草药实用图典[M].福州:福建科学技术出版社,2017:417.

食凉茶用柳叶蜡梅的叶子制成，性凉、微苦、辛，具有祛风解表，清热解毒，理气健脾，消导止泻的功效。①

畲民也爱酒。畲民们在繁重的体力劳动之余，爱喝黄酒来解除疲劳，补气养身。雷弯山的《畲族风情》中写道："家家都是把最好的酒留在农忙时享用。特别是一些加了活血、安神、补气草药的药酒，喝下去之后，用畲民的话是'胜过喝一碗人参汤'，就起到'补身骨'的作用。而加了祛风湿药的药酒，起着祛风去湿功能，比吃药强得多。"②

医药民俗景观基因小结：畲族在长期与疾病作斗争的过程中，形成了具有民族特色的疾病观和疾病治疗方法，同时也形成了畲族特有的民间医药习俗。景宁畲族地区的地理环境和气候条件非常适宜植物生长，蕴藏着丰富的畲药资源，为畲族医药的传承提供了优越的自然条件。本书提取与畲族医药相关的景观基因如下：

(1)畲族医药：六神论、青草医、畲药；

(2)医药习俗：祖传制、防病治病、以药入膳、豆腐柴、食凉茶、药酒。

第四节　文化艺术基因

畲族祖居广东潮州凤凰山一带，过着"刀耕火种"的游耕生活，唐宋时迁徙北上，主要居住在闽南、潮汕等地。明清时期，大量畲民从广东潮州迁徙至闽东、浙南等地，开荒造田。随着畲族

---

① 雷后兴,李水福.中国畲族医药学[M].北京:中国中医药出版社,2007:426.

② 雷弯山.畲族风情[M].福州:福建人民出版社,2002:100.

的生产方式转向定居农业,发展起了以梯田水稻耕作和定耕型旱
地杂粮耕作的形式,畲族的生活方式由游耕转变为定居型。在漫
长的历史进程中,畲族创造了本民族特有的文化艺术,并代代
相传。

一、服饰文化

服饰文化是畲族文化艺术的鲜明标志,反映了畲族的信仰、
价值观念和审美特征。受自然环境和社会环境等因素的影响,我
国不同地区的畲族服饰形成了一定的差异性,景宁地区的畲族服
饰有着鲜明的地域特色。

(一)服饰配饰

景宁地区的畲族服饰包括极具代表性的凤冠、花边衫、彩带
和花鞋4个部分。

1.凤冠

凤冠是畲族服饰文化中的重要组成部分,相传是高辛帝嫁女
时赐给三公主的护身吉祥物。畲族凤冠一般认为有以下5种样
式:景宁的雄冠式,丽水、云和的雌冠式,福安的凤尾式,霞浦、福
鼎的凤身式和罗源的凤头式。不论形式如何变化,凤冠都表达了
畲族对凤凰的崇拜和喜爱之情。清同治12年(1873年)出版的
《景宁县志》记载,景宁畲族妇女"跣脚椎结,断竹为冠,裹以布,布
斑斑;饰以珠,珠累累,皆五色椒珠"[①]。新中国成立前,景宁地区
畲族妇女梳锥形发髻,用花布裹头,头顶中间是用银箔包的竹制
冠,用石珠点缀。没有结婚的少女则不戴凤冠。

---

① 施联朱.畲族风俗志[M].北京:中央民族学院出版社,1989:39.

中国畲族博物馆的雷光振详细介绍了馆藏的一顶景宁凤冠（见图5-12）。① 该凤冠征集于浙江省景宁县张后山村，清光绪三十一年（1905 年）制造，总重量 355 克，银重 130 克，玻璃珠重 172 克。支架由一个三边为棱柱体形状的 11 厘米长的毛竹根头制成，它的长轴是放在中轴面上的。支架前端宽 6 厘米、后端宽 5 厘米，用青色棉粗布粘贴毛竹部分。其前边和两边的上沿镶上薄银片，银片

图 5-12　景宁地区畲族的头饰

的两端用红布包边，畲语称"头面"。薄银片长 11 厘米、宽 2 厘米，饰有简陋不规则的花草纹图案和两个拱手人物的简单画像。前面额顶端插着一根一头镶着黑色玻璃球的铜针（畲语称"乌针"），主要用来固定后面的"银骨挣"。正头额面由 4 块莲花瓣形状，长 3 厘米、宽 1.5 厘米的银片（畲语称"奇喜牌"）组成，上饰花草纹，似凤凰眼，寓意为蒸蒸日上；下沿边还有一薄银方牌与支架粘连，挂着一排 8 串 22 厘米长白色玻璃珠做成的链子，每根链子的末端都饰有 1 块阴刻花草的长 3 厘米、宽 1.5 厘米的薄银片（畲语称"蕃蕉叶"），如果不撩至两颊，看去似面纱。后脑勺上支架中缝1/2处插着一根长 12 厘米、宽 3 厘米，饰以凤凰尾图案，像梳子一样的"钳搭"；其上棱 3/5 处往后斜扦一根长 13.5 厘米圆柱形的骨挣

---

① 雷光振.凤冠与畲族头饰[J].东方博物，2010（1）：80.

（畲语称"银骨彩"）。钳搭与骨挣搭成45度角，上棱前端角用乌针钉住一条红布条，与后面的银骨挣相连，成为一个等边三角形，直视像凤凰。支架上棱前端顶部左右两边各有两条长140厘米的白色玻璃珠链子与后端的银骨挣末端连接。这链子是以弧形盘绕着脑袋两边的头发起固定用，还有两条黑红两色相间的玻璃珠链子，左边的点缀装饰用，右边稍长一点的用来系银链子、银头簪。头簪长14厘米、宽2厘米，尾部分叉成簪，是整个头饰银用量最多处。簪头上系着两条银链子，其中一条系着银牙签和银耳挖子，另一条上有块大一点的银片，上饰一小凤凰，其末端系长3厘米、宽1.5厘米的薄银片（畲语称"蕉蕉叶"）。头簪牢固地插在头顶发髻上，而银链子连同耳挖子、牙签悬于头部右侧。

锥形发髻是仿凤头形状，缀在凤冠上的银片象征凤羽，高高的包锡箔纸竹片银骨挣象征凤尾，左右两侧的珠链象征凤脚，悬挂的瓷珠和银片下的喇叭吊坠叮当作响象征凤鸣，形神兼具。

凤冠的配件有很多，除竹管支架、包裹竹片的锡箔纸、珠子和布料棉线外，还有头面、钳栏、大奇喜、奇喜牌、奇喜载、骨挣、钳搭、方牌、耳环、头抓、古文钱、牙签、耳挖、蕉蕉叶、银金、银链等结构件和装饰件，多用银制。凤冠具有纪念畲族始祖三公主的意义，畲族妇女一般在结婚时才第一次佩戴。因凤冠价格高怕损坏，重量较大戴着不便行动，畲族妇女结婚后仅每逢节日或做客时戴，最终去世时戴着入棺。畲族妇女平时劳动时头戴蓝布头巾。畲族妇女所戴凤冠形制相似，细节有所不同。图5-13为畲歌代表性传承人蓝陈启所戴凤冠，图5-14为蓝大妈畲歌工作室收藏的凤冠。现在，畲族妇女的服饰和汉族人无异，凤冠只在接待宾客或在大型节日活动项目表演时才戴。

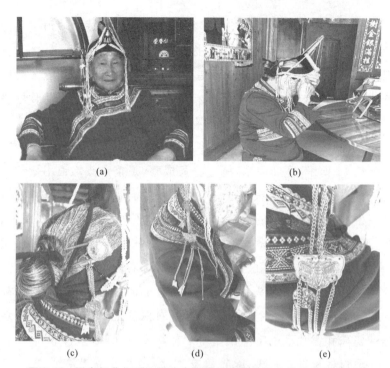

(a)　　　　　　　　　　　　　(b)

(c)　　　　　　(d)　　　　　　(e)

图 5-13　国家级非物质文化遗产畲歌代表性传承人蓝陈启所戴凤冠

（景宁双后岗村实拍）

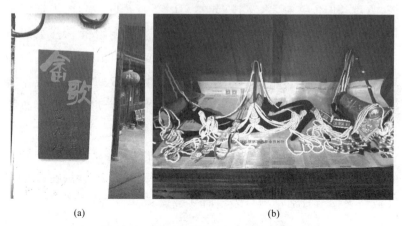

(a)　　　　　　　　　　　(b)

图 5-14　蓝大妈畲歌工作室收藏的凤冠

2.花边衫

花边衫(见图5-15)在畲语中称为"兰观衫","兰观"即花边的意思。景宁畲族主要在山区,种菁种麻,气候温暖,无论冬夏皆穿麻衣。旧时畲族男子平日大多穿蓝色或青色大襟长衫,一般用菁染料染成,长衫下摆开衩处常绣有云纹。畲民平日生产劳动或狩猎主要在田间地头或深山树林中,穿着大襟或直襟短花边衫搭配宽大的直筒裤便于活动。常见的直襟花边短衫,在领口、袖口、门襟处一般镶有花边,口袋处常有绣花装饰。花边衫的布料除麻以外,还有自己织染的棉布和蚕丝布,布色皆只有青、蓝二色。女子上衣穿大襟衫,长度盖过膝盖,领口、袖口和门襟大多镶有花边。裤子仍为宽裤脚的直筒裤,便于生产劳动。

图5-15　墙上中间展示的为景宁式花边衫

(中国畲族博物馆实拍)

3. 拦腰

拦腰，即围裙或围兜，畲族女性在做家务或下地劳动时都要系拦腰。拦腰长约 50 厘米，宽约 33 厘米。

4. 彩带

彩带，即拦腰的系带，由经纬线手工编织，尺寸根据使用者的腰围而定。织彩带是畲族妇女从小学习的手艺，由家庭内或邻里女性传教。彩带用途非常多，可当裤带、腰带、拦腰带、刀鞘带等，制作精美、结实耐用，是受欢迎的实用品和装饰品。

5. 花鞋

花鞋一般为蓝布里、青布面，四周绣花纹，前头钉鼻梁，扎红缨。[①] 花鞋所绣花纹精美，畲族妇女只在节日、结婚等特殊场合穿，平时不穿鞋或穿草鞋。

随着和汉族的聚居融合，畲族现在的服饰与汉族服饰基本没有区别。

(二)服饰图案

畲族服装的图案主要来自刺绣，一般以女性服装为主。刺绣的纹样主要有以下 3 类。

1. 自然纹饰

自然纹饰主要是一些来自自然界和神话故事的动植物纹样，如凤凰、喜鹊、莲花、牡丹、蝙蝠、花生、桂圆、石榴等（见图 5-16）。

---

① 柳意城，景宁畲族自治县志编纂委员会.景宁畲族自治县志[M].杭州：浙江人民出版社，1995：134.

图 5-16　自然纹饰(中国畲族博物馆实拍)

2.几何纹饰

几何纹饰有柳条纹、万字纹、八卦纹、云纹、浮龙纹、尖牙纹、蜈脚纹、枯叶纹等(见图 5-17)。

图 5-17　几何纹饰(中国畲族博物馆实拍)

3.图案纹饰

图案纹饰包括自然纹饰和几何纹饰的各种变形和组合,有角隅纹样、单独纹样和连续纹样等(见图 5-18)。

图 5-18　图案纹饰(中国畲族博物馆实拍)

（三）彩带纹样

彩带上编织的纹样主要有图案、汉字和符号（见图 5-19）。

图 5-19　上排彩带为图案和符号纹样，下排为汉字字带
（中国畲族博物馆实拍）

1. 图案

彩带图案非常丰富，常见的有畲族图腾、古代神话故事和畲民们日常生产、生活中随处可见的动植物纹样等，如凤凰纹样，十二生肖纹样，蝴蝶花、水击花、铜钱花、万字花、蜻蜓纹和蝙蝠纹等。图案比例协调、简洁形象，色彩搭配丰富多样，体现了畲民的传统审美观，表达了他们对生活的热爱和赞美之情。

2. 汉字

字带是随着畲民们在和汉族交流的过程中，学习汉文化的产物。畲族女孩学习了汉字，开始尝试把汉字编进彩带中。上不了私塾的孩子，也通过编织字带学习了不少汉字。清末，彩带编织艺人蓝石翠把清代乾隆等皇帝的年号用单排字的形式编织在彩带上,并命名为《皇帝朝纪》,实现了畲族字带编织零的突破。《皇帝朝纪》所记载的字带有风调雨顺、国泰民安、皇帝朝纪、宋元明清、顺治康熙、雍正乾隆、嘉庆道光、咸丰同治、光绪宣统、福禄寿喜、龙飞凤舞、荣华富贵、金玉满堂等文字。[①] 字带表达的是畲民们对美好生活的追求和向往。旧时彩带上常常是"百年好合""五世其昌""招财进宝"等吉祥文字,新社会的彩带上改为"保卫祖国""世界和平""劳动光荣"等,极具时代特征。在现代,畲族彩带编织技艺"非遗"传承人蓝延兰对《皇帝朝纪》彩带进行了大胆的创新,将花纹图案与汉字结合,取彩带的中轴线,将汉字对称分布在中轴线两侧,编织成一条三排的彩带。这条三排彩带的编织难度极大,被命名为《新皇帝朝纪》。中国畲族博物馆收藏有包凤村蓝青梅编织的字带(见图 5-20)。

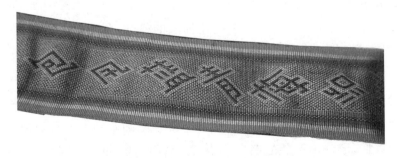

图 5-20　包凤村蓝青梅编织的字带(中国畲族博物馆实拍)

---

① 邱慧灵.浙江景宁畲族彩带中的符号纹饰研究[J].前沿,2011(22):136.

3.符号

畲族彩带还有一种符号纹样，在彩带中具有特殊地位。这些符号纹饰经过代代相传，鲜有变化，维持着较为稳定的形式。畲族文化的研究者们对符号纹饰的理解各持己见，多有不同。这些符号纹样有的是假借甲骨文的形状和汉字的字形形成的，有的是以会意方式形成的符号，还有的是规则的几何形纹样。

假借甲骨文和汉字字形的符号纹样有"土""正""日""井""王"等（见表5-2）。这类符号纹样字形与汉字类似，其表达的意思有的与汉字一致，有的具有一定的关联性，还有相当一部分和原来的意思完全无关。如"土"表达的意思是"上"，"正"表示"开始"，"日"表示"日间共作"，"井"是"水源"，"王"则是"诚心"。

会意方式形成的符号较为形象有趣，如单行连续的锯齿状图案表示老鼠尖利的牙齿，相连的菱形表示"蜘蛛"，麦穗的简化形状表示"麦穗"（见表5-3）。

还有一种用几何纹样来描述抽象的概念，利用笔画的重复、连续、间距和重合来描述时间、空间和亲疏远近等概念（见表5-4）。例如，用三行连续的山形表示"天长地久"，两个连接在一起的菱形表示"交流"，部分重合的两个不完全正方形表示"民族繁荣"。每个符号纹样都是畲民在对自然理解的基础上进行的抽象和概括，记录了畲族独特的自然观和审美观。由于畲族没有文字，无法记录这些文字符号的涵义，有相当一部分符号，当地的老百姓也无法解释其真正的意思。但是这些符号仍继续出现在彩带上，表达了畲民对这种符号纹样内涵的认可与传承。

表 5-2　假借汉字符号纹样及解释(中国畲族博物馆实拍照片整理)

	1	2	3	4	5	6	7	8	9	10	11	12	13	14	15	16
纹样符号																
假借汉字	土	正	日	巫	壬	王	田	井	中	巾	有	已	报	日	亚	匀
纹样解释	上	开始	日间共作	威望高者	平顺	诚心	继业	水源	融合	成立	伟貌	曲折	埯	缺月之时	不详	不详

表 5-3　象形会意符号纹样及解释(中国畲族博物馆实拍照片整理)

	1	2	3	4	5	6	7	8	9	10	11	12	13
纹样符号													
纹样解释	老鼠牙	蜘蛛	麦穗	日	雷	川	敬龙	怀孕	狩猎	踏白	绢织	鱼	敬日

表 5-4　几何纹样及解释(中国畲族博物馆实拍照片整理)

	1	2	3	4	5	6	7	8	9	10	11	12	13
纹样符号													
纹样解释	父	男性	云彩	树果	收获	世业	禽	动物	丘陵	连山	交流	亲戚	相邻
	14	15	16	17	18	19	20	21	22	23	24	25	26
纹样符号													
纹样解释	合居	相对	相配	聚会	祭祀	尊敬	天长地久	田野	吊	往来	民族繁荣	母	女性

　　服饰文化景观基因小结：景宁地区畬族服饰特色鲜明，有景宁式凤冠、刺绣精美的花边衫、彩带拦腰和花鞋等，是一项灿烂的非物质文化遗产。本书从服饰配饰、服饰图案和彩带纹样3个方面提取与景宁地区传统村落服饰文化相关的景观基因如下：

　　(1)服饰配饰：凤冠、花边衫、拦腰、彩带、花鞋；

　　(2)服饰图案：自然纹饰、几何纹饰、图案纹饰；

　　(3)彩带纹样：假借汉字式、象形会意式、几何式。

二、文艺技艺

(一)歌舞器乐

1. 山歌

　　畬族山歌是畬语的载体，是畬族重要的文化符号，入选我国首批国家级非物质文化遗产。畬族山歌的起源和发展过程，体现了畬族的历史，反映了畬族的民族文化和精神。

　　畬族无论男女老幼都能歌善舞。旧时畬民少有接受教育的机会，学山歌、唱山歌是他们文化娱乐的一种重要形式，也是生产生活中不可或缺的重要组成部分。畬族的山歌由人们口头创作，口头传播，很多即编即唱，山歌的内容会随着情境变化而不断更新，具有高度的灵活性。旧时会唱山歌的畬民也更加受人尊敬。畬族居住环境呈"大分散、小聚集"的特征，常和汉族村落杂居，但畬族山歌的歌词、曲调、节奏和旋律依旧很好地保留了自身的特点，和汉族民歌的曲调并无相同之处。

　　畬族山歌的曲调各地有所不同。《畬族音乐文化》中提到，"畬族民歌有闽浙调、罗连调、顺文调、闽皖调四大基本音调"[①]。

---

　　①　蓝雪菲.畬族音乐文化[M].福州：福建人民出版社,2002:193-194.

这 4 个音调的差异性,体现了漫长的历史进程中畲族在不同地区形成的地域特色。浙江畲族民歌曲调按其分布和流行地域可分为丽水调、景宁调、平阳调、泰顺调、龙泉调、文成调等,各调均有平行式双乐句、起承转合四乐句及各种非规整性乐句等形式。① 这说明在浙江省不同畲族地区的山歌之间既存在着差异,又保持着一定的内在联系。

畲族山歌歌词一句多为七字,四句构成一段(或称一条)。一首山歌,短则一两条,长的有七八条之多。一般在一、二、四句押韵。同一首畲族民歌的词句基本不变,只是变换两次韵脚,使之一化为三,形成独特的"三条变"的"复沓"手法,这在中国民歌中是独树一帜的。② 畲族山歌的旋律多为单句变化体,一般由两大句组成,第二句常是第一句的变化重复。畲族民歌有"高声"(假声)和"低声"(真声)两种发声方法,男女唱歌普遍喜爱的发声法是"假声",这种"假声"恬静、纤嫩、清秀、古朴,较真声演唱更加轻松且传播更远。由于唱法的不同,一般同一首歌可出现 3 种不同的曲调,即"平讲""假声唱"和"放高音"。除歌舞表演外,一般畲族民歌演唱没有伴奏,也没有动作表演。

畲族山歌的题材内容丰富多彩,主要分为叙事歌、杂歌和仪式歌等,承载着传授历史文化、生产技能、生活习俗、文化娱乐等多重功能。叙事歌有神话传说和小说歌,以畲族的神话和人物故事为题材,如《高皇歌》唱的是与畲族起源和迁徙有关的神话传说。杂歌题材有关于爱情、生产劳动、教育、伦理道德、娱乐等多

---

① 王文章.第二批国家级非物质文化遗产名录图典 3[M].北京:文化艺术出版社,2015:1371.

② 王文章.第二批国家级非物质文化遗产名录图典 3[M].北京:文化艺术出版社,2015:1371.

种内容。仪式歌有婚仪歌、祭祖歌和功德歌等，在不同的礼仪场合唱不同的山歌。畲民的日常生活几乎与山歌密不可分，久而久之形成了劳作对歌、三月三歌会、长夜盘歌、婚庆喜歌、祭祀颂歌、丧葬哀歌等歌俗。在旧时，畲民在与封建统治者的斗争中，常以山歌作武器，表达对压迫者的憎恨和对美好生活的追求。新中国成立后，畲民创作了以歌颂中国共产党领导和社会主义新生活为主要内容的革命山歌和赞歌，反映出畲民新的思想风貌，与传统山歌有质的区别。[1]

景宁地区畲族的著名山歌手有蓝春翠（女）、雷石连、蓝振水、雷龙花（女）、雷驮银（女）、雷永庆、蓝荣昌、蓝余根、蓝培菊（女）等。景宁地区有手抄歌本 3000 多册，2 万余首，畲族婚俗歌 935 首，哀歌 642 首。[2]

高皇歌[3]

元朝太祖就是仙，同共盘古来开天；

男人造田阔组组，女人造地山弯弯。

（蓝细彩唱，马骧、邱彦余记）

十八小妹学插田[4]

十八妹崽学插田，屎窟朝后脸向前；

路头客商莫笑话，代我丈夫插年田。

---

① 柳意城，景宁畲族自治县志编纂委员会.景宁畲族自治县志[M].杭州：浙江人民出版社，1995：122.

② 柳意城，景宁畲族自治县志编纂委员会.景宁畲族自治县志[M].杭州：浙江人民出版社，1995：122.

③ 蓝雪菲.畲族音乐文化[M].福州：福建人民出版社，2002：94.

④ 柳意城，景宁畲族自治县志编纂委员会.景宁畲族自治县志[M].杭州：浙江人民出版社，1995：122.

2.功德舞

畲族学过师的人去世要做功德,做功德要唱"功德歌",跳"功德舞"。功德舞是在祭祀时跳的舞。"做功德"仪式是由 6 个人围着棺材跳圈舞,这 6 人一般都是青年,边跳边唱,舞姿雄健有力。前面 2 人一个手持木质大刀,一个拿着象征盾牌的箬帽对舞;后面 4 人则每人拿 2 只木块敲击打拍子,畲族称之为"打饼儿"。"功德歌"一般是从"一月"唱到"十二月"的《十二个月农事歌》,每唱 1 个月跳 1 圈,12 个月唱完刚好舞 12 圈结束。歌词来源于农事生产活动,舞蹈动作也是日常的田间劳作和打猎时动作的凝练,体现了千年来畲族先民刀耕火种的农耕文明。

3.学师舞

学师舞是畲族"传师学师"活动时的舞蹈。"传师学师"活动,也叫"奏名学法"。旧时,传师学师主要为 16 岁以上的畲族年轻男子进行传师,并为他们的未来与前程祈福。"传师学师"产生于元代初期,是畲族文化中最具特色的原始宗教活动,现今是一项濒临失传的非物质文化遗产。舞蹈有单人舞、双人舞、四人舞和集体舞。法师在灵刀、龙角、扁鼓、铃钟声中,念、诵、讲、唱并伴随舞蹈动作。跳舞时灵刀叮当作响,鼓角齐鸣,舞姿节奏鲜明,自然奔放,粗犷刚健。由于"学师"活动要 3 天 3 夜方可完成,花费较高,这样的活动已经极少举办。

传师学师是畲民世代相传的重要习俗,在其他畲族地区几乎失传。据有关部门调查,现只有渤海镇安亭村下辖的上寮自然村还较为完整地保留着这项畲族原生态的生活习俗,"传师学师"的班子最为齐全。每年的农历七月初三,是安亭村的"奏名学法"节,当天都会通过举办"奏名学法"等活动延续民风民俗。而今这一传统仪式已成为畲族少年"成年礼"的象征。

(二)传统工艺

1.雕刻

景宁地区畲族的雕刻主要为木雕,部分为石雕和柚皮雕。木雕主要出现在建筑、祖牌、祖杖和家具上,在富裕的畲民宅邸和大规模的宗祠中较为常见。雕刻手法有浮雕、镂雕、通雕、圆雕、线雕等,这些手法常常根据不同部位的结构和装饰要求灵活运用,不同的雕刻手法可在某一个建筑或家具上同时出现。在建筑中堂的上间梁下方、下檐牛腿、雀替处木雕多为精致的浮雕图案(见图 5-21、图 5-22);门、窗格栅处多用镂空雕刻的手法装饰(见图 5-23);而在建筑大梁的承重部位,通常用线刻的手法雕刻龙须纹,尽量避免木雕对建筑结构强度的影响。

图 5-21　木雕建筑构件　　　　图 5-22　景宁畲族木雕建筑构件
（中国畲族博物馆实拍）　　　　　（郑坑文化馆实拍）

图 5-23　敕木山村畲族古民居门扇上的镂空雕刻

（敕木山村实拍）

　　畲族各式家具中以千工床上的木雕最具特色（见图 5-24）。大大小小的镶板、垂花柱、花牙子，丰富的装饰题材融合了多种雕刻手法。在三重雕花檐板下，正面较大的左、右两块镶板是视觉中心位置，集合了浮雕、镂雕、线雕等多种木雕手法。在雕刻图案上有描金、髹漆的工艺，画面中的人物、建筑、祥云、松柏以金色凸显，和整个朱红色的正立面形成鲜明对比，画面以透视构图为主，虚实相间、生动形象。在这两块镶板的正下方，是两块刻有麒麟送子的线刻镶板，大块镶板之间以长条形花草浮雕纹样间隔过渡，镶板面块分割比例恰当、主次分明。

　　民国时期，沙湾镇的蓝凤新是景宁地区有名的木匠，他建造了很多庙宇和住宅。蓝凤新的侄子蓝厚仁继承了伯父的畲族传统木雕技法，并在此基础上不断实践创新，形成了独特的风格。他雕刻的建筑构件上的花鸟、人物，线条潇洒流畅、层次清晰，颇有意趣。

　　景宁县郑坑乡的蓝土成，是畲族雕刻的"非遗"传承人。年轻时做过木匠的他，主要从事祠堂或住宅建筑上的雕刻工作。近年来，蓝土成专注于木雕，作品的题材主要为畲族的民间传说、故事等（见图 5-25）。

图 5-24　千工床（中国畲族博物馆实拍）　　图 5-25　景宁雕刻"非遗"传人蓝土成（郑坑文化馆实拍）

2.彩带编织

畲族的编织工艺中最为出彩的是织彩带，也叫"花带"或"腰带"，是既有实用性又极具观赏价值的饰物。彩带常被畲族女性用作束腰带，或镶嵌在领边、袖口作为装饰，还可以用作外出或劳作时背负幼儿的背带。以前，畲族女子还常常将亲手织就的花带送给心仪之人；定亲时，女方将花带（定亲带）作为男方带来的"定亲礼"回礼。畲族男子在刀鞘壳上用火烙花纹或雕刻出花纹，钉上女子送的彩带，缚在身上。畲族有首情歌《带子歌》唱道："一条带儿斑了斑，丝线栏沿自己织，送给你郎缚身上，看到带子看到娘（姑娘）。"

在过去，编织彩带可以说是一门畲族女性特有的手艺（见图 5-26），畲族女性幼时就开始学习织彩带，以家庭传授为主。织彩带的工具简单，常用"带弓"（见图 5-27）。带弓是"工"字形木架，工字两横为约 17 厘米长的木条，一竖是约 133 厘米长、10 厘米宽的木板，木板和木条钉在一起，带弓就做好了。大多数时候，畲族妇女织彩带连带弓也不用，而是用两根约 17 厘米长的小竹管（耕带竹）加上约同样 17 厘米长的尖头竹片一起，就可以织彩带了。畲族妇女织彩带没有固定场地和时间，非常自由灵活，屋内或屋外、廊前或树下，只要有适合拴牢线绳的地方就可以织带。畲族妇女经常把丝线的一端拴在桌腿、凳腿或门环上，另一端把耕带竹穿过丝带套在腰上，就开始编织了。我国各畲族地区的花带有宽有窄，宽的 7 厘米以上，窄的不到 2 厘米。景宁地区的彩带较宽，约 3～5 厘米，纹样大，长度较短。织彩带的原料多为蚕丝，有时也用棉纱，颜色丰富多样。纬线以白色为多，中间的经线多为黑色，两侧的经线有红、绿、黄、紫等诸多颜色。鲜明的色彩表达了畲族的民族情感，正如雷弯山在《畲族风情》中对彩带所作的解释说的一样："从绣品与丝带的用色来看，表现了畲族妇女在黑暗的旧社会是非分明，追求光明的心理。颜色，从民俗文化学意义上看，它是一种社会符号。符号的背后，隐藏着人的心理和民族习俗。"[1]带名由中间黑经线的根数而定，有 3 双、5 双、13 行、15 行、33 行、55 行等，一般以 13 行较普遍。

图 5-26　彩带编织

（大畈村实拍）

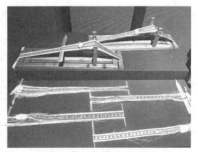

图 5-27　彩带编织工具

（中国畲族博物馆实拍）

---

①　雷弯山.畲族风情[M].福州:福建人民出版社,2002:33.

3.刺绣

畲绣是畲族的一项特色手工艺。畲绣色彩丰富、鲜艳明朗，常用原色和二级色，以红色为主色调，辅以黄、绿、蓝、白，与单一的底布色彩形成鲜明对比。畲绣的纹样丰富，构图讲究对称与均衡。植物纹样有牡丹、莲花、竹花、桃花、菊花、兰花、松、竹、梅、佛手、忍冬花等；动物纹样有龙、凤、麒麟、狮子、蝙蝠、鸳鸯、蝴蝶、鱼等；器物纹样有宝瓶、葫芦、如意、琴、棋、书、画等；几何纹样有柳条纹、万字纹、八卦纹、云纹、浮龙纹、尖牙纹、蜈脚纹、枯叶纹等。此外，还有神话传说中的人物、楼阁、山石等，如八仙及八仙所持的法器（也叫暗八仙，包括宝扇、花篮、渔鼓、横笛等）。

畲族刺绣的用途广泛，一般常用于畲族服饰的局部装饰，如衣领、袖口、围腰、裙边、绑腿、鞋面、童帽和围涎等；也有用于帐帘、枕套等床上用品；还有的用于五谷包、扇子等日用品。畲族女性服装是刺绣工艺应用较多的一类，在服装的不同部位刺绣的内容和形式也不一样。衣领上的刺绣，常用的有牡丹、荷花等花形图案，也有的仅绣简单的几何纹，而像婚服等盛装则绣有龙凤纹样。景宁地区畲族女性传统服饰的厂字形服斗通常采用宽布条（5厘米左右）贴边的做法，布条镶有数道不同颜色（黄、蓝、紫等色）的窄边，袖口、衣摆处镶有相同的花边与之相呼应。较为考究的大襟衫会用刺绣布制作宽布贴边条的镶边（宽度相等或不等），这些细长的镶边平行排列，绣有动物、花草、几何纹等，图案精美、色彩丰富，构成了蓝黑色服饰上明亮的线饰。

畲族的婚礼服装或节日盛装工艺较为复杂，既需裁剪缝纫，又有较为复杂的刺绣工艺，一般由专门的男性缝纫师完成。简单的服饰花边，一般由畲族女性自己完成。她们自小学习刺绣，无需样稿，直接运针将心中的图案绣在花边上，这些花样中有的是常见的花鸟图案,有的是日常所见不知名的花花草草,布局均衡、局部又有变化,充分体现了畲族女性的审美情趣。

由于手工刺绣需要坚持学习和勤加练习,费时费力且收益很低,现代年轻人很少能坚持学习,即使上了年纪的人也不热衷于这门手艺。现如今,畲绣工艺已基本断代,面临失传的风险,只有景宁地区畲族刺绣代表性传承人还在坚持着这项民族技艺,如大畈村的兰佩珠(见图5-28)。

图 5-28　畲族刺绣代表性传承人——兰佩珠(大畈村实拍)

4.竹编

景宁地区畲民居住的山区,竹木资源十分丰富,盛产毛竹、石竹、金竹、斑竹、雷公竹等多个竹类品种,是竹编工艺极佳的原材料。精美的畲族竹编工艺品工艺讲究,从选竹、破篾、编织、拗沿直至装饰,须做足30多道工序,历时一周至半月方可完成,足见畲族竹编艺人的勤劳与智慧。竹编工艺品有极为重要的实用功能,是人们日常生产生活中常见的用具(见图5-29、图5-30)。其中最具有代表性的是斗笠,有"畲族一绝"的美誉。此外,还有竹屏风、竹帘、竹桌椅等家具,也有许多造型别致的大小篮、筐等。

(a) 菜篮　　　　　　　　　(b) 匙篮　　　　　　　　　(c) 火笼

(d) 竹制提篮和针线篓　　　　　　　　　(e) 食盒

图 5-29　竹编生活用具（安亭上寮村实拍）

图 5-30　竹编箩筐、箱笼、提篮等（郑坑文化馆实拍）

　　畲民编制的尖顶斗笠,可作为伞的替代品,以自用为主,也作为商品售卖。在田间劳动时斗笠可遮阳防晒,还可以遮风挡雨。一般选取柔韧、破篾性好的竹材,根据使用要求将其破成不同规格的竹篾,有里层篾、面层篾、花篾和花箍,其中花篾和花箍要上色漆。编织从斗笠里层的顶部沿着木模具的四路向下开始,里层篾较外层篾稍粗一些,编织也容易一些。里层编织好后,从顶端开始向下编织面层,五彩的花篾丝根据图案要求编织在其中。斗笠的面层十分精细,所用竹篾细如毫发。当编织到一定的行数(达到尺寸要求)后,把半透明的油纸铺在面层和里层之间用作防水,再把里层向外拗形成斗笠的边缘,确定斗笠的大小和边缘强度。从斗笠的外缘来看,有两条边和三条边两种。

　　5. 制茶

　　目前,惠明茶产业已经成为景宁县农业的主导产业。惠明茶的茶叶饱满翠绿、银毫毕现、茶汤清透、口感甘爽、茶香扑鼻。专家测定,一般年景的惠明茶含游离氨基酸 2.5%～3.5%;高年份的可达 3.5%～4.5%,甜鲜味游离氨基酸占总量的 10%～25%,脂型儿茶比例高,冲泡后有兰花香味,水果甜味。此外,还有一杯鲜,二杯浓,三杯甘又醇,四杯、五杯后茶韵犹存的特点。[①]

　　20 世纪 70 年代之前,惠明茶多为农民随机栽种,自行采摘和炒制,茶叶产量低。之后,政府投入资金,配备农业技术干部进驻惠明寺村等村落,建成片茶园,引进多个优良茶叶品种,实施科学种植(见图 5-31)。特级惠明茶一般在清明前至谷雨采摘,摘取一芽一叶或一芽两叶的嫩茶,茶叶的炒制需机械和手工结合(见图 5-32～图5-34)。炒制名茶仍以手工为主,灵活掌握"抛、闷、捞、抖、带、甩、搓、抓、理、拉"等十大手势。

---

　　① 　柳意城,景宁畲族自治县志编纂委员会.景宁畲族自治县志[M].杭州:浙江人民出版社,1995:198.

图 5-31　金坼村茶田(金坼村实拍)

图 5-32　金坼村采茶

（金坼村雷灿灿提供）

图 5-33　手工炒茶

（金坼村雷灿灿提供）

图 5-34　机械手工结合制茶(金坼村雷灿灿提供)

(三)传统体育

景宁地区畲族的传统体育锻炼和娱乐竞技项目,主要来源于畲民的生产劳动、军事斗争、游戏和宗教活动中的一些动作和技能,如源自畲民生产劳动的赶野猪、龙接凤,军事斗争的打尺寸、拳术和棍术,宗教仪式的稳凳,以及游戏的摇锅、竹林竞技等,具有鲜明的民族特色以及较高的健身、娱乐、观赏、经济价值。以下针对景宁地区整理挖掘出来的具有代表性的畲族传统体育项目加以介绍。

1. 畲族武术

畲民生活于山林之间,自古有练拳习武的习惯,主要以拳术和棍术为主,以健身防身。畲族武术拳种和棍法流派繁多,目前流传影响较大的是畲家拳与打柴棒。就棍法而言,锄头、扁担、挂杖等生产工具均可作练武器械。[①] 景宁地区畲族武术的项目传承人为钟菊花、蓝庆贤、蓝李良、雷世土。景宁的渤海镇安亭村有家畲武馆(见图 5-35、图 5-36),住着武术大师雷世土。雷世土得到父亲雷正根的真传,成为畲族五虎拳的传人,参加了各级武术比赛并多次获奖(见图 5-37)。据雷世土介绍,他习练的畲族武术是家中世代传下来的,畲族五虎拳是畲族拳术的一个分支,他希望能够继续传承下去。

2. 操石磉

操石磉是畲族特有的体育竞技项目之一。石磉是石块,一般为底面光滑、形态扁圆的石块,根据参赛者的人数和力量大小,选择的石块的重量重至几百斤,轻则几斤。操石磉是用脚来驱使石块滚动,两人或三四人一组,双方角力,以将对手挤出赛道为胜。

---

① 周文博.畲族传统体育融入学校体育发展研究——以景宁中小学为例[D].武汉:武汉体育学院,2023:40.

图 5-35　调研团队与雷世土(居中)的合影

图 5-36　畲武馆

图 5-37　雷世土的荣誉证书

3.赶野猪

"赶野猪"是浙江省非物质文化遗产,是畲族在长期的生产劳动中创造出来的。早期畲民耕山为业,主要靠种植番薯、玉米等农作物为生。大山中多有野兽出没,尤其是野猪,对农作物的破坏严重。为了确保农作物能有个好收成,畲民不得不想尽办法赶走野猪。后来,畲民就开始有组织地赶野猪。野猪凶猛,畲民总结了赶野猪的经验,农闲时在家中院子或谷场训练赶野猪的方法和技巧。畲民用竹子编成球当作野猪,用木棍代替土铳,分成两队追赶"野猪"。久而久之,"赶野猪"发展成为如今的畲族传统体育竞技项目,在畲民中广泛流行开来。赶野猪是两个队在一片两端各有两个进球门的长方形场地上,按照一定的规则进行对抗活动的一种运动。比赛每队5人,分成上下半场完成。主要用球板进行传、接、带、射、抢等技术进行竞争。进攻队力求将球用球板打进球门,防守队极力阻止、破坏对方进攻,转守为攻。① 赶野猪比赛对抗激烈,对参赛队员的技术、速度、耐力、力量等身体素质有较高的要求,对于提高畲民的身体素质和意志品质有较为积极的作用。

4.摇锅

摇锅起源于景宁地区畲族的民间游戏,现在是畲族传统体育项目之一。比赛时,运动员站在大锅里,双脚张开摇动大锅,不断调整身体重心位置使锅向目标方向移动。以摇锅前进同等距离所用时间长短来决定名次,时间越短则名次越靠前。摇锅十分注重人体的灵活性和协调性,是集健身、竞技、欣赏和娱乐为一体的传统体育项目。摇锅器材简单,简单易学,适合不同性别和年龄段的人参加。景宁地区"三月三"节日表演,摇锅是必不可少的一

---

① 景民宗.畲山风情:景宁畲族民俗实录[M].福州:海风出版社,2012:133.

个表演项目。2010年,景宁"摇锅"团队参加浙江省少数民族体育运动会获得表演项目金奖,并代表浙江参加全国比赛。[①]

5.打尺寸

打尺寸原是盛行于闽东畲乡的一项游戏,由明清时期畲民北迁传至浙南的畲族村落。"打尺寸"参加人数由场地大小而定,一般在宽阔而平坦的场地上进行。竞技规则为:在场地中间用白灰画一直径为5尺左右的大圆圈,参赛人员均等分为2组,1组在圈内,1组在圈外。比赛时圈内一人手持一根尺余长的"尺"(木制),其余人为徒手。圈外一人持一根八九寸长的称为"寸"的篾条,对准圈内目标抛去,圈内持"尺"者随即将"寸"击出圈外,圈内徒手者亦可接住抛来的"寸"丢出圈外,圈外人必须马上接住"寸"并抛击圈内目标,假如圈内某人未接住"寸"而被击中,就算输了,此人就要加入圈外的行列;若圈外某人未接住圈内及时回击出来的"寸",又未及时拾起地上的"寸"回击,则也输了,此人就要站到圈内的行列。在比赛进行一定的时间内,以圈内、外两组人数多的一组为胜,然后各组交换位置,比赛继续进行。[②]

6.抄杠

参赛两人相向站立在一张宽0.25米、长4米、高0.35米的板凳上,手持两根约2米长的杠,采用推、拉、拧、顶、拔等方法,设法将对方推或拉下凳为胜。[③] 抄杠的主要形式有金鸡独立抄杠、蹬

---

① 景民宗.畲山风情:景宁畲族民俗实录[M].福州:海风出版社,2012:140.

② 景民宗.畲山风情:景宁畲族民俗实录[M].福州:海风出版社,2012:135.

③ 林吕建,陈建波.生态现代化的丽水样本[M].杭州:浙江人民出版社,2011:155.

腿步抄杠、十字抄杠等。① 金鸡独立抄杠：两人各持杠的一端，单腿站立在凳的两端。裁判下令后，双方开始使力，力争将对方抄下凳。蹬腿步抄杠：方法和金鸡独立抄杠基本相同，只是抄杠时双方须一腿全蹲，另一腿前伸，并作连续的蹬腿步。十字抄杠：由4人（或4组）参加，开始每人持"十"字形杠的一端。裁判下令后，运动员开始使力，努力将身后的小圈捡起。

7.稳凳

稳凳源于畲族早期的传统祭祀活动"问凳"，是颇受畲民喜爱的传统体育活动，目前主要有插旗稳凳和套圈稳凳两种。两名参赛者分别坐在类似跷跷板的三足支撑的板凳两端，各自用力使板凳上下、左右转动的同时捡起地上的旗子插到规定的位置，即为插旗稳凳。套圈稳凳则是两人分别捡起地上的套圈，把圈套到规定的旗杆上。插旗数量多或旗杆套得多的一方获胜。

8.龙接凤

景宁盛产茶叶，尤其是惠明茶。每年初春畲民上山采茶时都会出现一种"抛茶青"的劳作方式，后来逐渐演变成畲族传统体育项目——龙接凤。龙接凤两人一组，在设定距离内，一人抛绣球，另一人身背茶篓接绣球，接球数量多的组获胜。该项目主要考验同组两人的抛接动作和默契程度，是一项集竞赛、娱乐、表演于一体的体育活动。

文艺技艺景观基因小结：畲族的民族文化丰富多彩，景宁地区的畲族山歌自成曲调、题材丰富，舞蹈刚健奔放、朴实粗犷；景宁地区畲族传统村落的木雕、彩带编织、刺绣、竹编、制茶等传统工艺极

---

① 白真.社会转型期我国传统体育文化的价值体系与实现路径研究[M].上海：上海交通大学出版社，2021：174.

具民族特色,流传至今;畲族的传统体育项目如赶野猪、打尺寸、操石磉等源于畲民的生产生活,普遍具有观赏性、趣味性和竞技性。本书提取与景宁地区畲族传统村落文艺技艺相关的景观基因如下:

(1)歌舞器乐:山歌、功德舞、学师舞;

(2)传统技艺:木雕、彩带编织、刺绣、竹编、制茶;

(3)传统体育:畲族武术、操石磉、赶野猪、摇锅、打尺寸、抄杠、稳凳、龙接凤。

第五节　非物质文化景观基因信息库

本书从宗族特征、民俗信仰、民俗特征和文化艺术 4 个方面,对景宁地区畲族的非物质文化景观基因进行提取、识别,构建出"景宁地区传统畲族村落非物质文化景观基因信息库",如表 5-5 所示。

表 5-5　景宁地区传统畲族村落非物质文化景观基因信息库

物质属性层	景观基因组	特征解构层		基因符号层
B 非物质景观基因	B1 宗族特征	B11 姓氏宗族	B111 姓氏类别	B1111 雷、B1112 蓝、B1113 钟。
			B112 姓氏文化	B1121 宗谱、B1122 宗祠、B1123 祖训或家规。
	B2 民俗信仰	B21 信仰对象	B211 祖先崇拜	B2111 始祖和祖先。
			B212 民间多神崇拜	B2121 汤三公、B2122 汤夫人、B2123 陈氏夫人、B2124 马氏天仙、B2125 插花娘娘。
			B213 自然崇拜	B2131 土神、B2132 五谷神、B2133 石母、B2134 树神、B2135 猎神、B2136 菇神。
			B214 原始图腾崇拜	B2141 凤凰。

物质属性层	景观基因组	特征解构层		基因符号层
B 非物质景观基因	B3 民俗特征	B31 生活习俗	B311 饮食习俗	B3111 乌米饭、B3112 碱水粽、B3113 豆腐娘、B3114 糍粑、B3115 黄稞、B3116 畲族千层、B3117 茶俗、B3118 红绿曲酒
			B312 婚嫁习俗	B3121 杉枝拦路、B3122 捉田螺、B3123 落脚酒、B3124 借锅、B3125 请大酒、B3126 撬蛙、B3127 夜间行嫁、B3128 牛踏路。
		B32 生产习俗	——	B3201 浸种、B3202 种子落泥、B3203 开秧门、B3204 尝新米。
		B33 节事习俗	——	B3301 三月三、B3302 封龙节、B3303 祭祖日、B3304 做福。
		B34 医药民俗	B341 畲族医药	B3411 六神论、B3412 青草医、B3413 畲药材。
			B342 医药习俗	B3421 祖传制、B3422 防病治病、B3423 以药入膳、B3424 豆腐柴、B3425 食凉茶、B3426 药酒。
	B4 文化艺术	B41 服饰文化	B411 服饰配饰	B4111 凤冠、B4112 花边衫、B4113 拦腰、B4114 彩带、B4115 花鞋。
			B412 服饰图案	B4121 自然纹饰、B4122 几何纹饰、B4123 图案纹饰。
			B413 彩带纹样	B4131 假借汉字式、B4132 象形会意式、B4133 几何式。
		B42 文艺技艺	B421 歌舞器乐	B4211 山歌、B4212 功德舞、B4213 学师舞。
			B422 传统工艺	B4221 木雕、B4222 彩带编织、B4223 刺绣、B4224 竹编、B4225 制茶。
			B423 传统体育	B4231 畲族武术、B4232 操石磉、B4233 赶野猪、B4234 摇锅、B4235 打尺寸、B4236 抄杠、B4237 稳凳、B4238 龙接凤。

第六章

景观基因的流变和保护

▼▼▼▼▼▼▼▼▼▼▼▼▼▼▼▼▼▼▼▼▼▼▼▼▼▼▼▼▼▼▼▼▼

　　本书选取景宁地区重点发展建设的畲族传统村落作为景观基因流变的主要研究对象，包括安亭村、吴布村、岗石村及景宁县重点规划的环敕木山十大畲寨中的大张坑村、东弄村、双后岗村、敕木山村、周湖村、惠明寺村、金坵村、包凤村等，分析了畲族传统村落文化景观基因流变的现状和主要形成原因，并进一步探寻了畲族村落乡土景观营建中景观基因保护的方法和路径。

第一节　景观基因的流变

　　景观基因和生物基因一样具有遗传、变异的特点。景观基因流变是指在历史发展演变的过程中，为了更好地适应自然环境和政治、经济、文化等社会因素的变化，景观基因有选择性地发生一定程度的变异。景观基因流变会对区域空间景观产生重要影响，是控制区域空间景观演化的关键因素。

一、景观基因流变分析

　　景宁地区畲族传统村落的景观基因流变主要体现在以下几个方面。

(一) 选址布局

目前,景宁地区畲族传统村落仍保留着原有的山水格局。随着旅游开发的深入,这些畲族传统村落已由先前自给自足的农耕模式,逐渐转变为对外开放的文化旅游发展模式。一些畲族村落中新修了凉亭、廊架、广场、文化馆等设施,以满足人们休憩、观景、娱乐、文化展示等需求,在一定程度上丰富了村中的文化景观和旅游服务设施。

在街巷空间方面,景宁地区畲族传统村落中早期的道路较窄,主要应用碎石或石板来修筑,承载着畲民与山林的情感,是畲族农业文明的印迹。随着村民生活水平的提高和村中旅游业的发展,景宁地区畲族传统村落不再像过去那样与世隔绝,逐步从内向、闭塞,走向开放和包容。为了提高交通的可达性和便利性,大多数畲族村落在维持原有村落格局的基础上,选择对村中原有的主干道进行拓宽,道路材质也发生了相应的变化,大多数村落主路为宽阔的水泥路面,有的甚至为沥青路面。民居间自然蜿蜒的小路也有大部分被改为水泥材质,这种整齐划一的水泥硬化方式在一定程度上破坏了畲族传统村落的自然风貌(见图6-1)。

(a) 东弄村老村中的石板路　　(b) 东弄村老村中的碎石路

(c) 包凤村新村中的水泥路　　　　　　(d) 周湖村中的沥青路

图6-1　景宁地区畲族传统村落道路材质

（二）建筑景观

1.民居建筑

北迁至景宁的畲民在景宁地区山林中定居，生活方式也由先前刀耕火种的游耕生活转变成农耕定居生活。景宁县畲族传统村落民居经历了茅寮—寮—土楼的发展演变，在这个过程中畲民逐渐探索出适合本民族生产生活，又蕴含着丰富生态智慧的建筑形式与营造方式，形成了典型的建筑特征。随着经济产业的转型和村民生活水平的提高，景宁县畲族传统村落中的建筑在内部结构、建筑材料、工艺及功能用途等方面都发生了一定程度的变化，但总体风貌上与传统村落融合较好。

大多数畲族传统村落对整体样式保留较好、具有较高研究和使用价值的民居建筑，进行了保留和修缮。村落中建筑的外立面装饰变得更为丰富，不少民居建筑外立面上增加了体现本民族文化方面的装饰，内容多为彩带纹样、凤凰图案、家规祖训、民间故事等，以彰显畲族文化特色。在畲族村落建筑中能看到由"畲"字经过"几何化"变形而来的窗格装饰纹样，这种相对复杂的几何图形还被运用在建筑二层的栏杆上。扩大建筑窗户面积、增加窗户数量的现象在景宁畲族村落中也较为常见,这是畲民改善屋内采光和通风,适应社会发展和提高居住舒适度的主动选择。随着生活方式的改变,大多数民居一层的前院已不再是圈养牲畜的天井院,而是栽种或摆放畲民喜爱的花草植物,大大改善了环境的卫生状况和美观程度,天井院成了一个充满生活气息的户外观赏区域。

现代材料能提高房屋的承载力和耐久力,提升使用的舒适性和便利性。水泥、瓷砖、钢筋、玻璃等现代材料被广泛应用于传统畲族村落建筑修缮和建造中。在调研中发现,一些村落建筑在修缮中存在现代材料与传统材料的不协调拼接现象,如建筑外墙上裸露的白色PVC管、未加修饰的混凝土墙、未做仿古处理的铝合金、塑钢窗框及颜色突兀的玻璃窗等,和畲族古朴传统的建筑风格显得格格不入(见图6-2)。

(a) 白色PVC管、铝合金窗框和绿色的玻璃窗

(b) 未做处理的混凝土外墙

图 6-2　景宁地区畲族传统村落民居建筑中现代材料的使用

为了满足旅游业发展的需求，景宁地区畲族传统村落中一些民居被开发成民宿、文化展馆、农家乐等场所，建筑的类型和功能变得更加多样化，由先前的私人居住逐渐扩展至旅游服务。一些村民为了提高生活品质，在村落中兴建新的民居建筑。由于规划、保护工作的滞后，部分新建建筑体量发生了较大的变化，不再是传统的二层结构，有的建筑甚至高达四至五层，建筑的长、宽、高比例与传统建筑相差较大，失去了畲族建筑原有亲切、宜人的风格。景宁地区畲族传统建筑主要以二层结构为主，隐逸于山林中，与周围环境浑然一体。现今，这些大体量新建筑的出现，势必会遮挡原有连贯的山体轮廓，打破固有天人合一的山水格局。此外，还有的新建民居与传统畲族民居风格迥异，在村落的传统民居中显得格格不入，很大程度上破坏了建筑景观基因的完整性（见图 6-3）。

(a) 金坵村老村民居1　　　　　　(b) 金坵村老村民居2

图 6-3　风格迥异的畲族新民居建筑

　　由于城镇化的影响和景宁地区下山移民工作的开展,大量村民从村中迁走,特别是坐落在偏远山区的一些传统村落,往往只见村庄不见人。景宁山区潮湿,多雨水天气,泥木结构的传统建筑容易受到风雨侵蚀和虫蚁蛀蚀。由于长期缺乏有效的保护,村中无人居住的传统民居老化问题突出,建筑构件损坏严重,有的甚至沦为废墟(见图 6-4)。这些建筑中不乏一些年代久远、雕饰精美,具有较高文化价值的民居建筑。这类建筑景观基因存续问题严峻,亟待解决。

(a) 东弄村老村的废弃民居　　　　(b) 包凤村老村的废弃民居

图 6-4　景宁地区畲族传统村落中废弃的民居建筑

2.宗祠、庙宇建筑

宗祠是宗族凝聚力的象征。景宁地区畲族传统村落的宗祠一般都位于远离民居建筑的山坡高地处,总体建筑体量较小,结构形制简单,内部木雕装饰较为考究。随着经济的发展和城市化的推进,村落青年人口大量流失,宗族观念逐渐淡化。虽然村落中的宗祠大多得到了保留,但已渐渐失去传统意义上的功能。除了特定的传统节日,平日宗祠基本无人问津,大多处于关闭状态。2014 年,金坵村合蓝氏族人和社会各界之力,选址建设新的蓝氏宗祠,于 2020 年竣工建成。新宗祠建筑规格较高,占地面积约 4211.39 平方米,建筑面积约 1015 平方米。相比村内老祠堂,新祠堂整体建筑规模变得更为宏大,结构从原来的泥木结构变成了砖木结构,木雕装饰以凤凰图案为主,内部陈设着蓝氏畲族文化古籍、器物,记录了从始祖蓝敬泉到现在的金坵村数百年来的发展变化,包括蓝氏家族的历史沿革、世系繁衍、人口变迁、居住地变迁、婚姻状况等内容。新建的蓝氏宗祠已成为金坵村的一处重要景观节点。相对于传统宗祠,新宗祠更多承担的是对外展示蓝氏畲族文化的功能(见图 6-5)。

(a) 金坵村老蓝氏宗祠　　　　　　(b) 金坵村新蓝氏宗祠

图 6-5　金坵村蓝氏宗祠

景宁地区畲族是一个多神信仰的民族,庙宇建筑形制简单,目前总体修缮情况较好,如东弄村的汤三公庙、双后岗村的宝灵大殿等。而对石母、树神等自然的崇拜，地点则较为随机，无实际祭祀建筑。随着经济和文化水平的提高，这种基因容易在后续基因传递过程中流失。

(三)环境景观

环境景观主要包括林地景观、水体景观和农业景观 3 类。景宁地区畲族传统村落林地景观总体保护得较好，没有发生太大变化，杉木、毛竹、苦槠、柳杉、红豆杉等是村落中常见的林木。溪流、山坑水塘、瀑布等自然水体景观也维护得较好。原先村中的人工水景主要为了生活和农业灌溉用水建造，随着新农村建设和旅游业的不断发展，一些畲族村落里还兴建了供人们休憩、观赏的人工水景，如池塘、喷泉、水景雕塑等(见图 6-6)。农业生产景观除了传统作物如茶叶、食用菌、水稻等种植以外，为了提高村民收入，构建有山区特色的现代农业体系，一些村落开始尝试种植特色农作物，如高山蔬菜、水果、畲药等，开展稻田鲤鱼、鸡、鸭、香猪、山羊等水产、家禽、牲畜的养殖。

(a) 池塘　　　　　　　　　(b) 茶壶水景雕塑

图 6-6　周湖村的人工水景

景宁地区畲族传统村落大多为山地村落。旧时畲族村民不畏艰辛，利用多种传统农具在山地中开辟梯田，依靠人力和牲口进行耕种,生产力普遍低下。随着经济转型升级、旅游业的发展,村民对农耕经济的依赖程度降低。随着现代化农耕器具逐渐取代传统农具,现在使用传统农业用具的村民越来越少。传统农业用具被当作一类畲族传统农耕历史文化的符号被陈列在村里的文化展馆中。过去景宁地区畲族传统村落家家户户利用山势高低,通过竹枧将山溪引入后院厨房水槽中,供自家饮用。而今,村落已开通自来水,通过PVC管和橡胶管将自来水引入农户家,传统的竹枧取水方式在逐渐消失。厨房的明沟排水系统基本得到了保留,延续了传统村落排水系统的生态循环。调研中发现,这些未经处理、裸露在地面和墙面上白色PVC管和黑色橡胶管在视觉上显得较为突兀,这些现代材料应用的形式以及与周边环境融合的方法还需要仔细斟酌。

(四)民俗特征

在生活习俗方面,景宁地区畲族传统村落饮食习俗的传承较好,乌米饭、粽子、糍粑、饮茶、米酒、豆腐娘等饮食习俗得到了保留。随着生活水平的提高,村民饮食的种类也变得更为丰富。畲民爱茶爱酒,但喝茶、喝酒的习惯已与汉族人没有太大差别。在婚嫁习俗方面,畲族传统婚礼是畲族民俗文化中独具魅力的"活标本",蕴含着深厚、古朴的畲族传统文化。如今,村落中传统畲族婚俗逐渐淡化,现代畲民已不推崇畲族传统婚礼。据采访了解,目前景宁地区畲族村落的新人结婚几乎不举办传统的婚嫁仪式,女子已不再穿着传统的凤凰装出嫁。随着村落旅游业的发展,畲族婚礼成为旅游中一种展示民族民俗风情的表演和体验节目。畲族的生产习俗随着生产方式和生产工具的改变,逐渐被弱化。在节事习俗中,三月三是最受畲民重视的民族传统节日。在这一天,各村落通常会举行隆重的仪式,村民对歌盘歌,制作乌米饭款待宾客。作为整个景宁县的一个重大节日,每逢三月三,地方上会举行盛大、隆重的节日仪式和畲族文艺节目汇演。为了促进旅游业的发展,表演者对传统节目进行了组合、改编,使其表演性更强。景宁地区自然环境条件优越,是丰富的天然药材库,在这里畲族医药民俗得到传承和发展。当地政府带动农户种植黄精、食凉茶、三叶青、白花前胡、灵芝、小香勾等具有地方特色的畲药,推动了畲药的经济增值和当地农户的创收。畲医采用祖传中草药秘方治病,传男不传女的习俗流传至今。随着景宁地区畲族村落生活水平的提高,烧樟木枝驱虫、水中加明矾净水等一些预防疾病的习俗已经消失,但畲民在端午节用艾叶、菖蒲等驱虫防病的习俗仍在沿用。畲民食药膳、饮凉茶、喝药酒等习俗得到传承,畲乡药膳远近闻名。

(五)民俗信仰

自然崇拜、民间多神崇拜、祖先崇拜等是在生产力水平低下、物质生活贫乏的农耕时代,畲民祈求自然界的神灵、神仙以及祖先神明,庇佑生活安康平顺、劳作丰收等方面的民俗信仰。随着经济的发展、物质水平的提高和社会文化的变迁,现在年轻的畲族村民不再依赖、相信神灵的力量,这些传统民俗信仰和仪式也开始逐渐消亡。而凤凰图腾崇拜作为一种核心的民俗信仰,被很好地传承下来。目前,凤凰图腾已成为景宁地区人们公认的畲族标志性文化符号,被应用于村落的文化景观中。

(六)宗族特征

"宗族"是我国乡村社会的一种基本单位,是农耕时代重要的社会记忆,也是连接"国"与"家"之间的桥梁,具有存在时间长、空间分布广等特点。① 宗族文化是畲族存续发展的根基。在历史上，畲族是个游耕民族，长期以来过着居无定所的游耕生活，却有着很强烈的宗族观念。景宁地区畲族传统村落的畲族姓氏主要包括雷、蓝、钟 3 类，以血缘关系为纽带聚居。村落内设立的宗祠是宗族文化的物质载体，族谱、家谱是宗族组织的象征，而留存的祖训和家规则是宗族文化传承的象征。

目前，景宁地区畲族传统村落中畲族姓氏仍以雷、蓝、钟 3 类为主。旧时畲族以血缘亲近，村民过着较为封闭的聚落生活。而今，由于村内人口外流、与外族通婚等因素，村内的畲族人口数量发生了一定的变化。随着时代的发展和社会的进步，畲族村落从原来宗族的"理"治转变为现代的"法"制。在社会变迁和外来文化的冲击下，畲族村民的宗族观念逐渐淡化，宗族文化逐渐没落。

(七)文化艺术

1.服饰文化

畲族服饰作为畲族文化中绚丽的一笔，具有美观实用、朴素大方的特点，散发着独特的畲族文化艺术魅力。然而，现今畲族服饰已成为景宁地区畲族村落难以留住的风景。20 世纪 80 年代以来，畲民们的审美观念和价值观念受到现代化浪潮的冲击，发生了很大转变。大多数畲民尤其是年轻人，在日常生活中的穿着都与汉族无异。调研中发现，景宁地区畲族传统村落中几乎没有看到身着传统服饰的村民，所看到的畲族村民穿着与汉族无异。虽然景宁县出台了《关于进一步强化畲族服饰推广工作的通知》

---

① 何依,孙亮.基于宗族结构的传统村落院落单元研究——以宁波市走马塘历史文化名村保护规划为例[J].建筑学报,2017(2):95.

《景宁畲族自治县进一步强化畲族服饰推广工作实施方案》，举办中国（浙江）畲族服饰设计大赛等众多举措，以传承畲族服饰文化，但短时间内宣传推广效果不佳，在景宁地区畲族传统村落中产生的影响甚微。其中关键的原因在于，畲族村民对本民族传统服饰的认同和接受程度不高，只有当畲族村民愿意穿、主动穿上本民族服装，从内心对本民族文化产生自豪感和认同感，畲族服饰文化才能得到真正意义上的传承。

目前，在景宁地区常身着畲族服饰的人多为从事旅游、接待宾客的工作人员或表演人员，他们所穿的畲族服饰已与传统服饰发生了较大变化，以强调装饰和时尚为主。现代畲族服饰色彩更为艳丽，服饰材质也发生了很大的改变，很大一部分服饰款式已脱离了传统形制，服饰上的装饰图案多为工厂机械绣制，没有传统手工绣制的图案生动。为了批量生产，服饰图案更倾向标准化图形，多为凸显畲族文化标志性的图案，如彩带纹样和凤凰图腾，以突出服饰的民族特色。

凤冠体现了畲族传统服饰文化中的精髓。较早的景宁地区畲族凤冠以黑色为主，凤冠上的装饰品大多以银为材料，手工打造而成，包括头面、额面、奇喜牌、银骨挣以及挂在上面生活中要用到的挖耳勺等，垂挂下来的珠子是琉璃珠。现在景宁地区畲族凤冠的材质和局部装饰均发生了一定程度的变化，比如大多数凤冠上增加了以红色为主的彩色元素，让整个凤冠看起来更加时尚、亮丽。凤冠上的装饰品使用仿银金属材料，凤冠的零部件一般采用机器批量化生产后组装而成。笔者在金垟村调研时发现，编织彩带的畲族妇女所戴凤冠的造型基本保持不变，但色彩变得更为艳丽，以红色绒面为底，头面不再用几何形状的雕花银箔片，而是一个非常具象的飞舞凤凰贴片装饰（见图 6-7）。

(a) 凤冠的正面　　　　　　　　　　　(b) 凤冠的侧面

图 6-7　畲族刺绣代表性传承人兰佩珠所戴凤冠

在和岗石村省级"非遗"项目"畲族民歌"代表性传承人蓝景芬的访谈中得知：畲族迁徙定居至景宁地区后，生产方式、生活习惯等很多方面都已经汉化或与汉族融合了。如景宁地区畲语的部分词和一些新名词，都已经和当地的方言相融合，但畲族服饰仍保留着本民族服饰的特征。特别是景宁地区畲族的凤冠具有鲜明的地域民族特征，属于整体形式比较高挺的样式。景宁地区畲族的凤冠有较为完整的凤凰造型，有凤头、凤身和凤尾，和其他地区畲族的样式有较大的不同。其他地区畲族的凤冠有些是凤头，有些是凤身，还有些是凤尾。景宁畲族凤冠采用了较多的银饰，上面雕刻的是具有美好寓意的图腾符号，表达了畲民对生活的美好期望。凤冠是区分已婚妇女和未婚姑娘的标志，戴凤冠的是已婚妇女，不戴凤冠的是未出嫁的姑娘。现在为了舞台表演和宣传需要，未婚女性和小孩子都戴凤冠，这点和畲族的传统习俗不一致。与凤冠有关的畲族传统礼仪习俗颇有讲究，畲族女性结婚时开始佩戴凤冠，是娘家的陪嫁，一直戴到去世时随棺入葬。现在的畲民不再讲究这些习俗，戴凤冠更多是因为舞台表演需要。

2. 文艺技艺

畲族文艺技艺是畲族文化中较为显性的内容，具有极强的民族特征。但目前景宁地区畲族传统村落的民族文化技艺存继风险日益凸显。

（1）传统工艺

景宁地区畲族传统村落至今仍保留着彩带编织、木雕、制茶、刺绣、酿酒等传统工艺。景宁地区畲族彩带编织技艺作为国家级非物质文化遗产，上面编织的意符文字承载着远古时代畲族先民的祈祷讯号，是活的畲族历史文物。由于彩带编织的学习是一个长期的过程，短时间内难以完全掌握编织技术，因而很多年轻人不愿意学习这项畲族技艺。景宁地区畲族传统村落中掌握这块技艺的传承人也为数不多，且大多数年事已高，无法适应现代的教学方式，并兼顾所有学生的教学。在这种情况下，亟须培养年轻化的，且具有现代文化知识背景和彩带编织技艺的传承人承担起传授技艺的任务。为不让畲族彩带技艺失传，一些畲族彩带"非遗"项目传承人开始有意识地开展该项畲族"非遗"项目的保护和推广工作，并取得一定的成效。如东弄村畲族彩带编织技艺省级"非遗"传承人蓝延兰成立了"畲族彩带艺术工作室"，以传承彩带编织技艺。除了村里的畲族妇女，社会上也有很多研究畲族传统文化的学者和学生、彩带爱好者慕名而来。到访者在这里不仅能充分地了解、学习这项畲族非物质文化遗产，而且还可以动手学习编织彩带。除此以外，她还推动彩带编织走进学校，走进博物馆进行动态展示，累计开展培训百余场，为彩带编织技艺的传承打下了广泛的群众基础，在一定程度上促进了优秀畲族传统文化技艺的传播。

景宁当地的惠明茶栽培历史悠久，被誉为"中华文化名茶"。景宁地区畲族传统村落中几乎家家户户都种植茶叶，采用传统工艺炒制而成的惠明茶成为当地特色旅游产品，总体制茶工艺传承较好。木雕是畲族传统工艺的重要组成部分。景宁地区畲族传统建筑以土木结构为主，木雕是畲族建筑的主要装饰手法。目前仅有少数匠人掌握雕刻技艺。随着村内现代建筑材料的应用，木雕应用越来越少，木雕技艺的传承受到威胁。畲族刺绣是畲族民间工艺之一，是畲族服饰上的主要装饰工艺，承载着丰富的畲族文化价值和审美价值。由于学习刺绣耗时耗力，收益较低，很少有人能够长期坚持学习。畲绣"非遗"的影响力和传承力都相对不够，这项传统工艺面临着失传的窘境。

（2）歌舞器乐

在外来文化的冲击下，畲族传统歌舞器乐在景宁地区畲族传统村落村民生活中的影响力正在衰退，传统歌舞器乐对畲民日常生活的娱乐作用逐渐降低。畲族的山歌是畲族文化传承的重要媒介，蕴含着畲民的世界观、人生观、价值观和伦理观等。旧时，山歌和畲民的日常生活密不可分。畲民生产劳动，闲暇休息，以歌为乐；婚姻恋爱，以歌为媒；喜庆节日，以歌为贺；社会交往，以歌代言；丧葬祭祀，以歌代哭；敬祀祖先，以歌代辞。[①] 传统山歌多为畲族村民在日常生活中的即兴创作，以抒发内心的情感。传统畲族舞蹈的创作多源于农耕、狩猎及民俗信仰，多出现在一些重要的畲族仪式上。而今村落中练习山歌、畲舞的人更多的是为了促进旅游业的发展，主要在本民族盛大的传统节庆日（如三月三），或者游客到访时向游客展示和表演。为了迎合现代人的喜好，许多传统歌舞已被改编。

目前，能够传唱畲族山歌的艺人大多年事已高，如双后岗村的"畲歌歌王"蓝陈启已有 80 多岁（见图 6-8）。年轻一代极少愿意学习和传承这一民族非物质文化遗产，景宁地区畲族山歌面临着

---

① 邱国珍.浙江畲族史[M].杭州:杭州出版社,2010:267.

失传的危机。山歌演唱者演绎畲族民间歌谣唱本时，需要对照汉文，唱出畲语的发音，对演唱者畲语掌握的熟练程度要求很高。在对岗石村畲歌传承人蓝景芬的访谈中，调研团队了解到畲族山歌传承危机的症结——畲语不受畲民重视。在访谈中蓝景芬指出，传承畲歌的关键是学习畲语。目前，村中的一些畲族家庭中父母已经不教授孩童畲语了，畲语面临着断代的威胁。讲畲语是为了传承畲族的文化，没有畲语的演绎，《景宁畲族山歌汇编》（见图6-9）只是一本普通的汉文歌词，根本无法原汁原味地传承畲族山歌，这本书留存下来的意义甚微。蓝景芬提议，应该倡导畲族家长从小教授孩子讲畲语，在家庭环境中使用畲语，可以通过减免学费或升学加分的方式鼓励畲族儿童学习畲语，同时也欢迎和鼓励当地汉族儿童学习和使用畲语，为畲族文化的传承打下基础。

图6-8　国家级非物质文化遗产项目
畲歌代表性传承人——蓝陈启
（双后岗村实拍）

图6-9　《景宁畲族山歌汇编》
（岗石村实拍）

(3)传统体育

畲族传统体育具有鲜明的民族特色，与畲民的生产生活、军事活动、婚姻爱情、民俗信仰等方面有着密切的关系。畲族传统体育活动在特定的山地环境中产生，在本民族范围内传播、并延续至今。自1984年景宁畲族自治县成立以来，景宁县就开始着力于挖掘本民族的传统文化。景宁畲族自治县民族中学的体育老师兰进平牵头下乡挖掘了一批畲族传统体育项目，整理了这些项目的形式、规则、场地和器材要求等，在景宁县的民族学校建设民族体育教育基地，开设畲族传统体育课程。景宁县培养了一批畲族传统体育项目的教练员和裁判员，为畲族传统体育项目的传承做好了人才储备。景宁县代表队参加历届全国、全省的民族传统体育运动会，斩获多项大奖。此外，畲族传统体育是景宁畲乡旅游的重要名片之一，畲乡结合三月三传统节日开展操石磉、摇锅、龙接凤等表演和竞技项目，这些项目集民族性、趣味性、健身性、表演性和竞技性于一体，不仅畲民喜爱，而且游客也有较高的参与度。总体而言，这些体育项目的发掘和开展提升了景宁地区畲族传统体育的知名度和影响力，是畲族传统文化传承和发展的重要组成部分。

二、景观基因流变形成原因分析

景观是人类活动与地域自然环境互动的结果，反映出人类与自然的交互作用。随着社会和经济的快速发展，人们的社会活动也会发生相应的改变，景观必然也会发生一定的改变。从某种意义上说，景观基因流变在人类社会发展进程中是不可避免的。景宁地区畲族传统村落景观基因流变是在以下多重因素共同作用下所形成的。

（一）畲族没有属于本民族的文字

畲族虽有自己的语言体系，但没有属于自己民族的文字，其文化流传主要依靠口耳相授。在长期与汉族杂居的过程中，受到汉族的影响，畲族通常使用汉字，目前畲族历史、族谱、碑文等大都是用汉字记载的。在使用汉字记载转译过程中，汉语的表述方式、语法不同于畲语，转译不能做到完全、纯粹地表达民族最本真的文化内容，这对畲族文化传承势必会造成一定程度的影响。因为没有文字，畲语成为传承畲族文化的重要载体，畲族的很多民俗活动，包括婚庆、祭祀和祈福等，几乎都需要用畲语来演绎。而今，畲语作为畲族文化流传的媒介逐渐没落，以此为基础的畲歌、民俗仪式等文化景观基因的存续出现了危机。可以说，一旦畲语消亡，畲族的文化也就不能再延续，民族也会因此名存实亡。

目前，随着城镇化的推进，畲族人口日益分散，大量畲族村民移居城市，或外出务工、求学，与外界的交流越来越多。由于畲语使用范围窄、学习难度大，导致使用畲语的人数不断缩减，面临消亡的危险。如团队调研的安亭村地处渤海镇偏僻山区，村落中老龄化、空心化问题非常严重。由于长期跟着父母外出生活，畲族村落的孩童畲语传承的问题令人担忧。上寮村祭祀仪式省级畲族"非遗"传承人雷梁庆是村中的畲语老师，他在村里的耕读堂中开设了畲语课程，教授孩童学习畲语、畲歌（见图 6-10）。据雷老师自述，他从 20 岁起就一直为村中的孩子们教学，祖祖辈辈流传下来的《六字经》《增广贤文》等古书籍是村中畲童的必修书目。除了教孩子们学习古文之外，雷老师还教孩子们学习书法。目前，村内的孩子们大多随父母离开了村寨，加上山路崎岖，交通不便等客观原因，平日里能参加学习畲语课程的孩童非常少，村中年轻一代的畲语传承出现了危机。

(a) 雷梁庆老师书法展示　　　　　(b) 雷梁庆老师授课展示

图 6-10　安亭村耕读堂中雷梁庆老师的教学演示

(二)缺乏文化自信

文化自信是建立在文化认同感和自豪感的基础上的,文化自信是文化传承的重要内源动力。目前,畲族村民对畲族传统文化缺乏认同感和自豪感,普遍缺乏民族文化自信,对自身的民族文化保护观念不强,没有清楚地意识到民族文化有着不可估量的宝贵价值。特别是畲族年轻一代,他们的畲族传统文化根基不牢。随着城镇化的发展,由于缺乏文化自信,畲族文化极易受到外来多元文化的冲击,主要表现在非物质文化景观基因的传承上。一些宝贵的民族文化艺术基因无以为继,如彩带编织、山歌、舞蹈等民族文化技艺出现了断代的危机。一些本该由村民自发性开展的、具有民族特色的宗族仪式、习俗也逐渐走向衰败。

(三)旅游业的发展

随着文化旅游业的深入开发,景宁地区畲族传统村落中的文化景观发生了较大的变化。为了满足游客吃、住、行、玩等方面的需求,村落中新建了亭、廊、观景台、停车场、公共厕所等设施,增设了民宿、农家乐、展馆等多种业态,在一定程度上丰富了当地的物质文化景观,为村落的发展注入活力。但与此同时,旅游业的发展也让村落充斥在各种时尚文化之中。随着市场因素对畲族村落的影响不断加深,在商业利益的驱使下,畲族民俗文化被包装得越发商业化和商品化,逐渐变为一种赚钱的方式,在一定程度上也破坏了畲族非物质文化的原真性。这类商品化行为不能作为传统文化传承和保护的真正依托,畲族非物质文化只有得到畲族民众的认同,在日常生活中自觉自发地传承,才能得到真正意义上的传承和发展。

(四)生活需求的转变

生活需求的转变是景宁地区畲族传统村落建筑景观基因流变的主要原因。畲族村落中的传统建筑是畲族在生产力水平低下的历史时期,凭借自身的智慧和经验建造的。由于当时经济水平和技术水平的限制,整体建筑形制较为简单。如今,伴随畲族村民生活水平的不断提升,传统民居建筑已经无法满足村民对现代生活的需求,他们迫切地希望改善自身的居住条件,过上更为舒适的现代生活。传统畲族建筑的修缮和改造过程较为繁琐,并且费用较高。为此,有的村民放弃了维护,在缺乏专业指导的情况下按照自己的意图盖起了新民居,导致村中出现了与畲族传统建筑大相径庭的高楼洋房,破坏了原先自然、质朴的建筑风格。同时,现代材料的渗入导致的不规范修缮和改造的现象也十分普遍。由于村民对现代建筑材料的应用形式缺乏足够考量,在修缮、改造中现代材料不能与传统建筑较好地融合,这些行为导致村落内传统建筑的空间肌理出现了断裂,建筑景观基因发生了非良性的变化。

第二节　景观基因的保护

　　文化景观犹如一个由景观基因为基本单位组成的有机生命体，在经历长期演化过程后形成了一个相对稳定的内部结构，同时表现出相应的地域表征。伴随着景观基因的时空变化，文化景观也会随之变化。景观基因的非良性变化会造成该地域历史文脉的断裂，文化景观特色的消退。目前，景宁地区畲族传统村落面临旅游业开发、城镇化进程的推进、外来文化等多重因素的冲击，民族文化弱化和村落景观基因非良性异化等问题日益突出。因此，在当前环境下如何对景宁地区畲族传统村落景观基因进行有效保护，显得尤为重要和紧迫。

一、景观基因的保护原则

　　景宁地区畲族传统村落景观更新应注重景观基因的保护与传承，在顺应时代发展步伐的同时，延续历史文脉，保护与更新并举是传统村落在新时代可持续发展的有效途径。景宁地区畲族传统村落景观基因的保护应遵循以下原则。

(一)整体性原则

　　景宁地区畲族传统村落是一个完整的、有机的、具有民族特性的文化生态系统，任何景观基因的缺失和割裂都无法准确表达和传递该民族的文化内涵。如景宁地区畲族传统村落的民居建筑特色是基于景宁特定的山地环境所形成的，脱离了山地环境基底的畲族民居建筑只有"形"在，而"文脉"已不复存在。非物质文化景观基因需要一定的物质载体作为依托和表现形式，脱离传统村落物质景观这块沃土，非物质文化景观基因也会逐渐走向衰

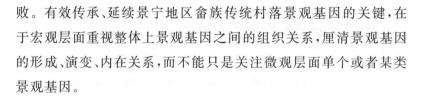

败。有效传承、延续景宁地区畲族传统村落景观基因的关键,在于宏观层面重视整体上景观基因之间的组织关系,厘清景观基因的形成、演变、内在关系,而不能只是关注微观层面单个或者某类景观基因。

(二)原真性原则

随着城镇化的迅速发展,景宁地区畲族传统村落文化景观基因会不可避免地发生改变。基于对畲族传统村落文化景观基因的系统研究,可以辩证地看待景观基因的流变,尊重景观基因内在发展的逻辑规律,以不违背村落的原真性、整体风貌为原则,把握文化景观中的关键因子,科学地配比基因,对景观基因谱系中处于主导地位的基因进行优先保育,提取典型、民族特征明显、可展示性强的景观基因,凝练成文化景观基因符号并应用于村落的文化景观空间中,确保畲族传统村落的乡土景观在尊重村落原有肌理的基础上得以更新,并在更新中延续历史文脉和地域特色。

(三)可持续原则

单一的保护或更新已经无法满足传统村落在新时代下发展的需求,如何让传统村落在景观保护与更新中可持续地发展是一个意义重大的问题。在景宁地区畲族传统村落景观更新中,应以保护为主,适度更新,兼顾好短期和长期发展的关系,不能以牺牲村落的生态环境、破坏村落整体风貌为代价,来换取短期的经济利益。在乡村景观营建过程中需要避免过度开发和环境破坏,应尊重乡村的肌理和风貌,也要尊重村民的生活习惯和民族文化,同时做到与时代的需求和发展相结合,使传统文化在新时代焕发新的活力,实现自然与人文的和谐共生,真正做到景观的可持续发展。

二、物质景观基因的保护策略

选址布局基因、环境景观基因和建筑景观基因是构成景宁地区畲族传统村落物质景观基因的 3 个基因类型。选址布局基因和环境景观基因构成了村落整体物质景观基因的基础，决定了村落的景观肌理，而建筑景观基因是物质景观基因中较为显著的一类景观基因。三者之间相互作用、相互衬托，共同构成了景宁地区畲族传统村落的外在表征。因此，做好这 3 类景观基因的传承与保护是景宁地区畲族传统村落物质景观基因得以延续的关键。

（一）选址布局基因

1. 整体的空间形态

目前，景宁地区畲族传统村落的整体发展以尊重村落的原有布局为基础，整体表现出一种相对平衡的自然更替，特别是远离县城、交通不便的山区村落，如敕木山村、大张坑村、安亭村等。随着城镇化的推进、旅游业的发展，离县城较近、交通相对便利的畲族传统村落的边界和村落内部整体风貌被蚕食的风险相对更高。景宁地区畲族传统村落大多为山地型村落，地块较为敏感、脆弱，应严格控制和规范村落的建设用地范围，实行分级管理，划分文化生态核心保护区、缓冲区和边界区，文化生态核心保护区应禁止一切破坏村落风貌的建设行为。相关管理部门应对新建建筑的高度、规模、样式进行严格审核，规划新建筑的地点应尽量远离文化生态核心保护区，避免破坏原有的布局肌理。同时，缓冲区和村落边界的建筑和景观建设也需经过相关管理部门的严格审批，以保证和村落总体风貌协调、统一。

2. 线性空间

景宁地区畲族传统村落街巷的更新应遵循因地制宜的原则，

避免大改大修对其原有街巷布局整体风貌的破坏。尊重村落原有的街巷布局形态，优化街巷格局，改造不合理的道路，增强整体街巷的通达性，对其中破败的街巷进行修缮。在街巷材质选择方面，鼓励就地取材，顺应其自然肌理进行改造更新。村落中大尺度的通车主路尽量不要整体贯穿传统民居区，以免破坏村落清幽的环境。此外，应严格控制村中巷道的尺度，将水泥硬化的小路恢复为原来自然的碎石和石板铺装样式，突出村间小路自然、灵巧、古朴的特点，以增强畲族村落的传统韵味。景宁地区畲族传统村落的内部交通路网通常顺应山形地势而形成，道路尺度小且结构复杂，线状空间中应加强旅游的系统导向性，优化导览标识系统，务必保证那些承载了传统村落的历史文化特色、有着较高的历史价值的旅游景观不被遗漏，如分散在村落中的点状景观，包括古树名木、宗祠、水碓房等历史遗迹。同时，优化、丰富旅游游览路线，形成主题内容丰富的景观信息链，强化景观的文化主题和内涵，以满足游客多样化的旅游线路需求，可设计畲族建筑研学线路、畲族民俗活动体验线路、村落田园观光线路、农耕文化体验线路、茶文化旅游线路等多种游线。此外，对已经荒废的古道进行活化利用，对其进行修复和疏通，复原古道历史风貌，打造成特色历史景观线路。

3.面状空间

景宁地区畲族传统村落的面状空间主要表现为山林、田地、民居聚集区及近年新修的大大小小的活动广场等。在景宁地区畲族传统村落营造模式中，民居建筑的面状空间形态为顺应自然山水格局而形成，与自然处于相互平衡、和谐的状态。现今这种平衡状态逐渐被打破，需要出台相关政策规范村落的建筑建设，避免大兴土木对村落景观生态层面的破坏，以维护山水格局与民居建筑的平衡关系。广场是新农村举办活动、村民社交、休闲娱乐的重要场所，对改善乡村的人居环境、丰富村民的文化生活有着重要作用，也是展示村落文化的重要节点。景宁地区畲族传统村落广场的更新应以满足村民日常活动为导向，尺度不宜过大，铺装以乡土材料为主，适当增添绿化，避免场地过度硬化对村落山水格局风貌产生负面影响。在广场更新中可以结合景观基因元素，打造视觉文化景观，如可以设置反映地域文化和精神内涵的公共艺术作品、特色铺装及景墙，以加强畲族文化氛围的营造。同时，广场上应设置必要的休闲设施，如廊架、室外桌椅，辅以乡土植物，形成一个舒适、多元化的绿色公共空间。

（二）环境景观基因

景宁地区畲族传统村落有着优厚的自然环境资源，畲族先民应用朴素的生态智慧，合理利用周围自然资源，形成独特而又充满生机的畲族文化景观。环境景观基因是景宁地区畲族村落物质景观基因的重要组成部分。在景宁地区畲族传统村落的更新营造中，环境景观基因的保护显得尤为重要，主要体现在水体景观、林地景观和农业景观3个方面的保护。

水体景观的保护主要体现在环境污染治理方面。考虑到旅游业和现代生活给村落带来的环境负荷日益增大，村落急需建立垃圾和污水处理体系，改善和建设垃圾、污水处理设施。同时，通过开展环境保护宣传教育，提高村民对垃圾、污水处理重要性的认识和理解，促使他们积极参与污水处理工作。

林地景观保护可以通过相关部门制定合理的山林保护规划，建立有效的监测和管理体系等措施来实现。严禁乱砍滥伐，定期进行山林培育，确保山林植物资源的健康和可持续发展。在村落景观营造中以乡土植物为主，严格控制建设用地对山林的破坏，

避免林地景观基因的消退。

农业景观是传统村落中特有的一种景观类型,蕴含着历史悠久的地域农耕文化,是一种宝贵的生态环境资源。景宁地区畲族传统村落地处山区,农业呈现出耕地少、规模小、产量低的特点,难以实现大规模、高产量的农业生产模式。随着人口的外流,农田荒废的现象普遍,农业景观的特征出现淡化的趋势。在农业景观更新中,应考虑引入特色生态农产品,树立地方品牌,开展农旅融合,发展新型农业业态,以提高农产品的附加值和市场竞争力,促进绿色农业的可持续发展,守护乡村的农耕文化。相关管理部门可以通过制定农业景观保护规划,明确农田、水利设施等农业景观要素的保护范围和保护措施,保留梯田格局,维护农田肌理,确保农业景观的连续性和完整性,让其文化景观价值得到充分体现。同时,加强对传统农业文化的宣传和教育,提高村民对农业景观的认识和理解,增强对其保护的重视和参与。在农业景观中融入具有畲族农耕文化的景观基因符号元素,增添互动体验型的农耕活动和采摘活动,以弘扬畲族农耕文化,实现农业景观的可持续发展。

三、建筑景观基因

(一)建立法律法规和政策保护体系

在建筑基因保护方面,政府相关部门宜发挥全面监管、调控和指导作用,制定专门的法律法规和经济扶持政策,为景宁地区畲族传统村落建筑的保护提供政策保障和经济支持双重保障。规划建设部门应编制详细的村落保护与更新规划,让传统村落建筑更新的管理有章可循,有法可依。对建筑改造、拆旧建新等行为进行严格审批,并对村民的建设行为提供专业指导。在民居建

筑更新中应该充分重视畲族村民的生活诉求，在不影响村落整体
风貌和原真性的前提下，尽量满足村民的诉求，提高村民的生活
品质。景宁地区畲族传统村落景观的营造不应只停留在村容、村
貌改造上的面子工程，应从根本上改善村民的居住环境，村落文
化景观服务的人群对象不仅仅是外来游客，更是村中的原住民。
政府在政策上应支持并鼓励村民按照传统样式翻盖建筑，聘请专
家设计团队参与民居建筑的改造与设计，为村民民居的改造和新
建提供范式。对于村中严重影响村落风貌的建筑，政府应严格予
以拆除，从而避免改建、新建的建筑对村落风貌的破坏。此外，监
管部门应定期对村落建筑保护工作进行评估和检查，了解工作进
展和存在的问题，及时调整和改进保护策略，确保畲族传统村落
的建筑基因在更新过程得以延续。同时，政府部门还应加大村落
建筑更新的经济扶持力度，为村民民居的改建、新建提供一定的
经济补偿，缓解村民在建筑保护、更新过程中的资金压力，激励他
们积极参与建筑的保护工作。

(二)建筑分级保护，实施活化更新

调研中发现，景宁地区畲族传统村落中大部分建筑保持了畲
族传统建筑的风貌，但其中也存在破坏整体建筑风貌的情况，主
要分为以下两种情形：一种是由于早期少数民族传统建筑的保护
工作没有得到足够的重视，村落中的建筑没有得到及时、有效的
维护，导致部分建筑出现了不同程度的损坏；另一种是由于缺乏
有效专业指导，村民为了提高生活水平对老建筑进行翻新、改造
和扩建形成的民居与传统建筑风格不协调，从而导致建筑的畲族
特色风貌逐渐丧失。针对这些情况，建议相关规划建设部门应从
建筑的历史价值、民族价值、原真性、结构形式、经济价值等多方
面进行综合分析，对各传统村落的建筑现状进行专业的评估与分

级,分别制定相应的保护措施,并建立各村的建筑分级分类体系进行监督和管理,实施灵活、有序的更新。可将景宁地区畲族传统村落建筑大致分为三级(见图 6-11),分级标准和保护措施详见表 6-1。

(a) 重点保护型   (b) 修复改善型   (c) 整顿改造型

图 6-11　景宁地区畲族传统村落建筑分级保护类型

表 6-1　建筑保护的分级标准和保护措施

建筑类型	重点保护型	修复改善型	整顿改造型
评级标准	建筑有较高的历史文化价值和原真性,并基本保存完好。	建筑在形制上保留了畲族传统民居的特征,经过了一些改建,在历史价值、建造工艺等方面表现稍弱。	建筑的形制、材料、工艺等方面均与传统民居完全不同。
具体措施	秉持修旧如旧,进行有效加固和保护性复原。	修复建筑立面与历史建筑风貌相协调,对于不稳定的结构进行修缮,建筑内部以提升功能为主。	整改、拆除或重建,以求与传统建筑风貌相协调,与周围环境相融合。

1.重点保护型

该类建筑是具有典型畲族建筑特点的历史建筑,建筑结构完整,具有较高的文化研究价值。重点保护型建筑除古民居建筑外,还包括畲族历史文化建筑,如宗祠建筑,这些历史建筑是畲民为适应当时的农耕生产、生活,共同创造的物质财富和精神财富的集合,是一个村庄的灵魂核心。而今这些历史建筑逐渐脱离了村民的使用和活动,失去了往日的活力。为了更好地发挥历史建筑在畲民当代社会生活中的价值和效益,对这类建筑遗产采用最低干预的保护方式,对其进行保护性复原,还原其原有的格局和风貌,以保存畲族建筑文化基因的特性。对重点保护型建筑还可以进行活化利用,将其打造为村中的文物展览馆、生态博物馆、民俗文化馆等,成为村落的精神纽带,以发挥其文化展示、宣传的功能(见图 6-12～图 6-14)。

图 6-12　活化改造的民俗文化馆效果(奚梦妮绘制)

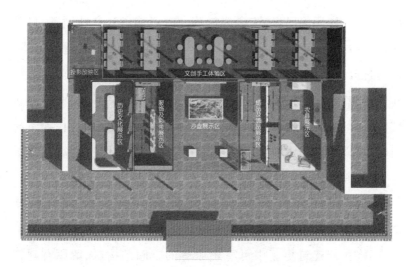

图 6-13　民俗文化馆一层功能分区（奚梦妮、何潇雨绘制）

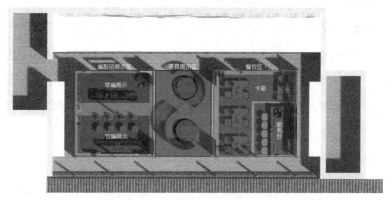

图 6-14　民俗文化馆二层功能分区（奚梦妮、何潇雨绘制）

2. 修复改善型

该类建筑的传统风貌保持较好，建筑质量一般，局部经过了一定程度的改建，内部功能难以满足村民现代生活需求的一般建筑，村落中大部分民居建筑属于这种类型。改善民居建筑居住环境，才能留住原住民，传统畲族村落才有可能进入良性循环，村落才能可持续地焕发活力。修复改善型建筑应适当地改造和修缮，避免过分介入而丧失传统建筑的原有风貌，应尽可能地尊重传统建筑风貌，对建筑内部功能进行优化，并利用现代化技术对建筑整体进行加固，以提升建筑的实用性和舒适性。应用现代建筑材料时，可以通过仿古、做旧等方式让现代材料和传统建筑充分融合，恢复其传统风貌。

景宁地区畲族传统民居建筑的平面布局往往与民族文化、生活习惯、居住行为等方面密切相关。基于对畲族建筑功能结构的研究，在民居建筑更新中可尊重原有的空间结构，保留原有建筑的空间关系和部分结构特征，通过新的功能植入打造富有现代感的畲族建筑，从而激发建筑的活力，以最大限度地满足村民的生活需求。如在景宁地区畲族传统民居的更新改造中可沿袭前厅后院的布局方式，将后院作为生活起居的中心。明确民居建筑中卧室、起居室、餐厅等功能区域的边界，提升空间在使用上的舒适性与便利性。在一层空间设计时，可以按照畲族传统建筑以中堂作为核心的空间构图，将卧室、起居室、餐厅三者各自独立出来，将原有餐厅设计在后院临近厨房的位置，并在靠近后院的位置增设卫生间，以完善使用功能。二层空间较一层空间，空气流通性、采光状况更好，可以减少农具储藏空间，保留原有的香火壁祭祀空间，可增设卧室、书房、卫生间、晾晒露台等空间，让空间功能更加合理，满足现代畲族村民多样化的生活需求（见图 6-15、图 6-16）。

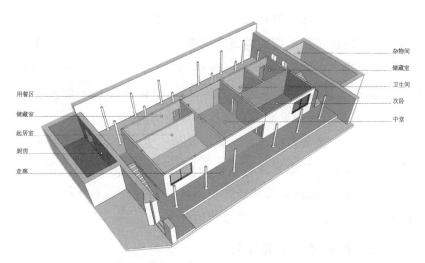

用餐区
储藏室
起居室
厨房
走廊

杂物间
储藏室
卫生间
次卧
中堂

图 6-15　民居改造的一层示意（李雅吉绘制）

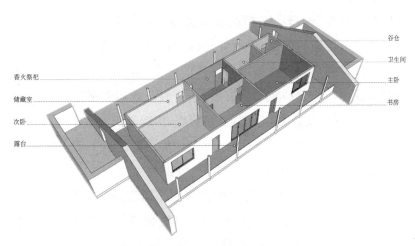

香火祭祀
储藏室
次卧
露台

谷仓
卫生间
主卧
书房

图 6-16　民居改造的二层示意（李雅吉绘制）

3.整顿改造型

该类建筑是指在形式、材料和工艺等方面都与传统建筑风格相差甚远的非传统风貌建筑。对不能通过整修、改造等方式达到与传统畲族建筑相协调的建筑和保存状态差的废弃建筑，应予以拆除或重建。在整顿型建筑的改造过程中，应考虑保留畲族传统建筑的特征，结合传统建造工艺和材料，总体在外观上体现畲族特色，以求与畲族传统建筑和周围环境相协调。

为了满足畲族村民建造新式楼房的生活需求，可在老村附近规划的新村建设基地兴建新式楼房，在建筑设计中需融入畲族文化景观基因，形成新畲式建筑。但是需要注意建筑总体体量和高度的控制，以更好地和周围环境相融合。

(三)数字化技术的应用

随着大数据时代的来临，传统村落历史建筑的保护和更新不能只停留在实体建筑上，而是要转向全方位、多层次的保护。数字化技术具有高逼真、高精度等优势，可以全面、准确地记录、保存乡村建筑传递的信息，以更好地保护村落建筑风貌。基于精准的建筑数据测量和景观基因数据库的建立，为建筑保护工作提供参考和依据。在数据库建立之后，通过对获取的数据信息进行存档，对村落建筑实行数字化监督和管理，实现建筑的数字化保护。

此外，加强文化宣传让畲族村民理解传统建筑的历史价值和保护意义，普及传统建筑保护知识，增强村民对畲族文化遗产的保护意识。同时，注重村落畲族传统建筑营造技艺的传承，培养畲族传统建筑营造技艺的民间传承人，包括建筑工匠和木匠。专家学者或民宗部门可以组织对景宁地区畲族传统村落建筑的结构、营造技法、木雕工艺等方面进行系统的调查、分析和研究，编著畲族传统建筑营造法式丛书，从而更好地保证畲族传统建筑技艺的传承性。

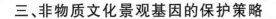

三、非物质文化景观基因的保护策略

畲族特色非物质文化遗产种类繁多。畲族的先辈们创造了精彩的、具有民族特色的非物质文化。据统计,仅在景宁县就有包括畲族三月三、畲族民歌、畲族婚俗、畲族彩带编织技艺在内的国家级"非遗"项目4项,省级"非遗"项目21项,市级"非遗"项目39项。在景宁地区畲族传统村落调研中发现,目前为了生计及孩子的教育问题,大量畲族青壮年、孩童涌入了经济更为发达、教育资源更为丰富的城镇,村中留守的大多为老年人,人口空心化非常严重,畲族村民普遍缺乏文化自信。年轻人对于本民族非物质传统文化早已淡忘,基本不说畲语,不会唱山歌,婚嫁不行传统礼仪,不会传统的手工技艺,如彩带编织和刺绣等。在人们追求高效、便捷的现代生活进程中,畲族的很多非物质文化景观基因正在走向衰弱。

少数民族文化是中华民族宝贵的文化遗产之一,保护和振兴少数民族文化是维护国家文化多样性的重要内容,也是实现中华民族伟大复兴的重要任务。习近平总书记在党的二十大报告中指出,我们要"推进文化自信自强,铸就社会主义文化新辉煌"①。同时,报告还指出"加大文物和文化遗产保护力度,加强城乡建设中历史文化保护传承,建好用好国家文化公园。坚持以文塑旅、以旅彰文,推进文化和旅游深度融合发展"②。畲族的风俗特征、

---

① 习近平.高举中国特色社会主义伟大旗帜为全面建设社会主义现代化国家而团结奋斗:在中国共产党第二十次全国代表大会上的报告[M].北京:人民出版社,2022:42.

② 习近平.高举中国特色社会主义伟大旗帜为全面建设社会主义现代化国家而团结奋斗:在中国共产党第二十次全国代表大会上的报告[M].北京:人民出版社,2022:45.

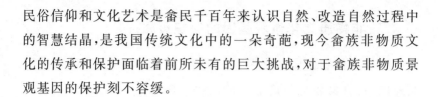

民俗信仰和文化艺术是畲民千百年来认识自然、改造自然过程中的智慧结晶，是我国传统文化中的一朵奇葩，现今畲族非物质文化的传承和保护面临着前所未有的巨大挑战，对于畲族非物质景观基因的保护刻不容缓。

一、学习与教育

树立文化自信，首先要学习本民族的传统文化。数十年来，人们习惯崇尚外来文化，并表现在衣食住行的方方面面，却忽略了我们自己博大精深的民族传统文化。中华文化浩如烟海，每一个门类在不同的历史时期都有其不同的特点，是先辈们的智慧结晶，值得我们去了解、学习、保护和传承。对于畲族非物质文化传承和保护，应该树立畲民对本民族的文化自信，集中多方力量，为畲民学习畲族传统文化创造条件。只有认识了、学习了、理解了、认同了，才能发现畲族文化的精神内核和审美价值，才能更好地保护和传承本民族文化。教育是保护、传承少数民族文化的根本，人才是振兴少数民族文化的重要力量。在少数民族文化教育方面，政府应制定相关的扶持和切实可行的奖励政策，以激励和保护少数民族文化，促进少数民族文化的传承和创新。

（一）设置优质民族学校，加强民族教材的编写工作

在景宁畲族地区可以设立高质量的畲族民族学校，提高少数民族教育经费投入，提升少数民族教育的质量和水平，引进优秀的文化教育资源，为少数民族教育提供更多元化的发展机遇。景宁地区畲族民族学校可采用民族幼儿园、民族小学、民族中学一贯制的教育模式，将畲族特色服饰定为畲族中、小学校服，让畲族孩童从小就在心中播种下本民族文化的种子，在畲族传统氛围浓郁的学习环境中接触、学习畲族传统文化，并能在一贯制的学习

中得到不断的发展和延伸。

传统文化教育是振兴少数民族文化的重要途径之一。景宁地区相关教育部门可以将征集、挖掘、整理出的景宁地区畲族优秀文化编成地方教材,列入当地中、小学教学计划中。学校可结合不同阶段、年级学生的特点,将畲族语言、文学、美术、歌舞、地方史等畲族传统文化融合到中小学教学内容中,倡导当地学生学习和传承畲族文化的知识和技能。如针对畲族传统体育的传承,可以将畲拳、棍术、菇民拳的部分内容结合中小学体育课程加以学习和推广,可作为畲族学校的体育锻炼项目。凳花动作具有舞蹈的美感,可以融入舞蹈教学中形成学校特色舞蹈课程。为了让畲族传统文化课程内容更为直观、生动,畲族学校可以邀请畲族"非遗"文化传承人在校现场教学,以激发学生学习畲族文化的热情。

(二)制定民族传统文化学习的奖励机制

景宁地区教育相关部门可以针对学校畲族传统文化的学习设置专项奖学金,鼓励和表彰在学习本民族文化、语言和技能等方面表现突出的学生,激励他们更好地学习和传承畲族文化。同时,为了在社会层面更好地促进畲族文化的学习,景宁地区教育相关部门可制定中小学畲族文化技能考级机制与加分政策,如建立畲语、畲歌、畲舞等中小学畲族文化考级机制,在中考、高考等环节,对有畲族文化技能等级证书的学生予以相应的加分,对畲族文化教育予以激励和支持。

(三)加强非物质文化传承队伍的培养

为畲族艺术人才提供更广泛、更多元的发展机会,发掘、培养畲族村落当地的非物质文化艺术村民骨干,组建专业性或群众性的艺术表演团,鼓励他们深入挖掘村落畲族文化特色,以民众喜闻乐见的创新艺术形式展示畲族非物质文化,构建有特色的、有内涵的非物质文化品牌项目,充分发挥村民的力量,推动本民族文化艺术的传承和发展,为少数民族非物质文化注入新的生命力。加大对具有畲族传统文化技能的村民导师队伍的培养、发展的支持,提升畲族传统村落村民导师专业水平和文化素质,使他们成为本民族文化活化传承的重要力量。

此外,畲族"非遗"项目的保护和传承,离不开对相关"非遗"传承人的培养和帮扶。他们承载着精湛的畲族民间文化技艺,是非物质文化遗产的活宝库,在非物质文化遗产的传承中起着关键作用。这些传承人需要国家给予精神上的鼓励和物质上的支持,帮助他们从根本上解决畲族"非遗"文化传承中遇到的瓶颈,为"非遗"传承提供良好的社会环境,保证宝贵的非物质文化遗产能够较好地传承下去。

二、活态传承

与物质文化不同,非物质文化是存在于特定族群生活中的活态文化,具有"活态性"的本质特征,它生存在"活体"中,需要在"活态"中发展和传承。活态传承让民族传统文化保持鲜活的生命力,是非物质文化景观基因传承和保护的最佳方式。

(一)与村落日常生活、生产相结合

畲族非物质文化的传承最终需要依靠畲族传统村落畲民的力量,他们才是民族文化的守护者和捍卫者。畲族传统村落是畲族非物质文化扎根生长的沃土,村民是景宁地区畲族传统村落非物质文化景观活化的源泉,是村落非物质文化传承的主体,村民间的乡音、乡俗、畲族文化艺术等才是村里最本真、最能打动人的非物质文化景观。在景宁地区畲族传统村落中应加强畲族文化

宣传工作,组织和开展畲族文化宣传活动,让村民了解和接受本民族优秀传统文化,提高他们的文化素质和文化自信心。通过村民讲堂、村民大学等形式,提高村民对畲族非物质文化的传承和保护意识,鼓励村民在日常生活、生产中传承非物质文化,复兴畲族传统习俗,做到在源头上加强非物质景观基因的保护力度。特别是畲族婚俗,本身具有一套完整的礼仪规程,地方相关部门应鼓励当地畲民举办畲族传统婚嫁仪式,可以在物质上给予相应的补助,将这项国家级非物质文化遗产"活态化"地传承下去。由此来带动和婚俗相关的服饰、山歌、彩带等"非遗"项目的"活态化"传承。

(二)与现代科学技术相结合

畲族非物质文化是通过"口传身授"的方式进行传承的。现在一些"非遗"传承人老龄化问题严峻,在传承上存在断代的威胁,一些重要的非物质文化景观基因面临着消亡的威胁。因此,非物质文化的记录和整理工作显得更加迫切。在科技高度发达的现今,畲族非物质文化可以借助数字化信息的手段,全面、系统地记录非物质文化的各项内容,运用音频、视频、多媒体等现代科技手段将畲族语言、歌谣、舞蹈、武术、嫁娶习俗等畲族传统文化内容进行采集与整理,形成专门的档案数据。在此基础上,借助新媒体技术、互联网技术,建设畲族非物质文化数字博物馆,如建设"云"博物馆、博物馆 App 等,开发人机互动程序,以活态传播的方式立体展现畲族非物质文化的特色内容和艺术精华,使人们足不出户即可获得畲族非物质文化的相关信息,将无形的畲族非物质文化转化为内容鲜活的"文化记忆"。现代科学技术开启了畲族非物质文化景观基因深度开发利用的崭新模式,使畲族非物质文化得以最大限度地传承。

（三）与环境景观相结合

将具有畲族特色的文化艺术、民间习俗、民俗信仰或民间传说等非物质文化进行视觉艺术创作，并融合在畲族村落环境景观中。如将英雄人物形象、畲族妇女编织彩带、畲民水稻打谷、酿酒、打麻糍等生产、生活场景，以通俗易懂的雕塑小品、景墙、彩绘等形式塑造（见图 6-17），强化畲族非物质文化景观基因。这种场景呈现的景观内容容易与畲族村民产生共鸣，加强他们对畲族非物质文化的认同感，有利于畲族非物质文化的活态传承。

(a) 景宁县滨河公园畲族妇女织带雕塑　　(b) 景宁县滨河公园畲族妇女生活场景雕塑

图 6-17　环境景观中的特色场景塑造

（四）与文创产品相结合

大多数畲族非物质文化中的传统技艺是当时畲族村民在日常生产、生活中制作生活必需品时形成的，如木雕、刺绣、织带、竹编等。因此，在保护传承这类非物质文化景观基因时，应让它回到日常生活中发挥更多功能，使"养在深闺人未识"的畲族非物质文化技艺变得可知、可感、可用，从而达到畲族文化发展和传承的目的。以畲族非物质文化为创作和设计的主题，开发各类文创产品，推动畲族非物质文化走进公众视野，让畲族非物质文化景观

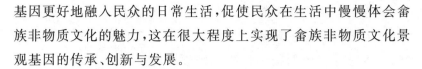

基因更好地融入民众的日常生活,促使民众在生活中慢慢体会畲族非物质文化的魅力,这在很大程度上实现了畲族非物质文化景观基因的传承、创新与发展。

(五)与特色活动相结合

畲族的民俗信仰、习俗特征和文化艺术等内容非常丰富,政府可制定相应的政策扶持和奖励机制,深入挖掘相关畲族文化项目,鼓励村落组织村民开展具有畲族特色传统文化的文化艺术交流,定期举办畲族文化节、文化竞赛等互动性、趣味性强的文化活动,如畲歌文化节、彩带文化节、制茶技能大赛、畲族特色体育竞赛等,充分调动村民的积极性和参与度,在村落里营造出浓厚的文化氛围,共同推动村落畲族非物质文化的传承和发展。在这类活动中,可以有意识地将那些随着现代化进程在日常生活中已经消失或不再适用的畲族非物质文化内容,结合在文化活动环节中进行演示,如一些濒临消亡的畲族习俗,以保护非物质文化景观基因的完整性。

此外,研学活动也是畲族文化活态传承的一种有效途径。鼓励研究畲族文化的专家和学者深入研究景宁地区畲族文化和历史,针对不同年龄段的学生开发相应的畲族特色研学项目,在社会上广泛开展畲族文化研学的公益活动,提高畲族传统文化在新一代人中的影响力,增强畲族文化传播的社会效应。

三、立足根本,兼收并蓄

学习、保护和传承传统文化不可避免地需要在发展过程中接受和吸收外来文化,兼容并蓄,促进文化的多元融合。畲族在历史长河中创造并传承了极具民族特色的文化,在畲汉杂居的过程中,不断和汉族文化碰撞与融合,直至呈现出今时今日的面貌。

但是，近年来景宁地区畲族村民的生产、生活方式发生了较大的变化，大量畲民迁移下山，走进城镇开启了现代化的便捷生活方式，畲族村落存留的很多传统风俗逐渐消失。畲汉通婚不可避免，为了交流方便，在这样的家庭已经不说畲语，甚至在很多畲族聚居的地方人们也不说畲语，畲语面临失传的困境。用畲语演唱的畲歌也无人会唱，直接导致以畲歌贯穿始终的节日习俗、婚丧嫁娶的仪式也将消失无踪。在社会进程中，畲族非物质文化受自然环境、社会环境等因素的影响，渐渐失去了其自身的特色。为了更好地保护、传承畲族非物质文化，在与外来文化碰撞、交流的过程中，畲民需要立足于本民族的传统文化，注重保护自身的文化特色。

第七章

景观基因的应用

▼▼▼▼▼▼▼▼▼▼▼▼▼▼▼▼▼▼▼▼▼▼▼▼▼▼

近年来,景宁地区畲族传统村落受到来自乡村城镇化和农民非农化的浪潮冲击,面临着畲族特色、地域文化弱化,畲族文化传承困境等多重问题。文化景观基因是村落文化的核心密码,作为文化传承和传播的基本因子,是畲族地域文化信息的携带者,主导地域表征的发展。同时,文化景观基因会随着历史演变展现出遗传、选择和变异的基本特性。因此,在景宁地区畲族传统村落更新和旅游开发策略中需要抓住畲族村落的景观基因这一文化内核因子,对畲族文化景观的构成要素进行分类总结,明晰畲族文化景观基因的特点,厘清畲族文化形成的底层逻辑,将其合理地融入浙江景宁地区畲族乡土景观营建和旅游发展实践工作中,在促进畲族聚落跟上时代步伐良性发展的同时,更好地传承和延续畲族文化。

第一节 景观基因的转译

畲族文化是中华民族文化百花园中一朵绚丽夺目的奇葩。景宁地区畲族传统村落承载着当地畲族的历史记忆和民族文化。

新时代背景下的少数民族村落景观营建不仅要尊重其民族历史文化，还需要适应时代的发展。传统农耕时代就地取材、产居结合的乡土营建方式已经无法满足新时代下景宁地区畲族传统村落的发展需要，村落的更新发展迫切需要新鲜血液注入才能焕发生机。对于景宁地区畲族传统村落而言，保护是为了更好地发展，只有紧跟时代发展的营建更新才能实现对其真正的保护。景宁地区畲族传统村落蕴含着丰富的文化景观基因，包括环境、建筑、习俗、文化技艺等。这些文化景观基因是畲族传统村落的重要标志，也是民族地域文化直接或间接的体现，更是美化提升和更新设计的重要创新动力和来源。因此，在畲族传统村落的保护与更新中，应充分遵循文化景观基因的内在含义及发展规律，结合现代设计原则、方法，合理运用文化景观基因，做好物质景观环境和人文景观环境的保护与更新，以充分展示畲族传统村落独有的魅力。

一、景宁地区畲族传统村落的景观分析

（一）传统建筑的风貌亟须保护

景宁地区畲族传统村落中的建筑主要包括民居以及祠堂、庙宇等，畲族特色较为明显，凝结了畲族的科学艺术文化成就，是承载着村民日常活动和宗教活动的空间与场所，对延续与传承畲族文化起到极为重要的作用。目前，景宁地区畲族传统村落建筑景观的问题主要集中在建筑凋敝、荒废和建筑肌理失序等方面。人口外流是建筑凋敝和荒废的直接原因。许多独具特色的民居由于积年累月的空置，建筑构件损坏、楼板坍塌、雕刻磨灭，实用和美学价值消失殆尽，不禁让人扼腕叹息。建筑肌理失序主要表现在建筑形态和材料上，由于管理的滞后，近年新建的少数居住建

筑形式与传统民居不协调,两极化明显。同时,出于实用性考虑,村民在传统建筑上随意地运用现代建筑材料,如水泥、塑钢、琉璃瓦、PVC管材等,现代材料在提高建筑的耐久性、安全性的同时,也给传统畲族村落建筑风貌带来了一定的冲击与破坏。在景宁地区畲族传统村落建筑的保护与更新中,我们亟须寻找正确的方法,为保护畲族特色建筑夯实根基。

(二)景观空间文化吸引力亟须塑造

从景宁地区畲族传统村落的深入走访和场地调研情况分析来看,大部分畲族传统村落已完成乡村基础设施建设、乡村环境整治等基础性工程,主要体现在通村公路、污水管网铺设、照明亮化、村落建筑墙体外立面改造和景观设施增设等方面,基本满足村民对现代化生活方式的基础需求。就整体而言,畲族村落中文化景观元素内容和应用形式还不够丰富,景观空间的文化吸引力尚不足,对于当地村落特有的景观文化还有待进一步深入挖掘与探索。在村落的景观营建中需要进一步探索加强畲族文化景观元素融入的广度和深度的方法,以增强村落自身的文化竞争力,扭转在乡村建设过程中出现的"千村一面"的局面,更好地传承畲族文化。

(三)村落空间布局亟须优化

景宁地区畲族传统村落的空间布局往往是顺应当地的地形、地貌等自然因素形成的,但随着现代生活水平的提高,很多村落的空间布局已不再适应现代生活和发展的需要,从而给村落的空间景观带来消极影响。现代村民的生活更为丰富,除耕种、居住以外,还需要有户外邻里交往、娱乐、文化活动的空间,以及与之相配套的景观设施,以丰富村民的精神生活,为乡村注入活力。畲族的文化底蕴深厚,传统文化活动形式多样,如山歌、传统舞蹈、抄杠、蹴石磙、摇锅等,这些都是畲族宝贵的非物质文化景观基因,在村落的更新中应适当考虑规划这类文化活动空间,不仅可以丰富当地村民的日常生活,还可以通过这些文化空间的景观营造来宣传、提高当地文化的吸引力,为传承畲族特色文化营造生活性景观。

二、文化景观基因转译的原则

文化元素的应用是畲族村落景观设计过程中的一个重要环节,畲族文化景观基因的合理应用可以增加村落的文化内涵和历史感,强化场地的文化氛围,使场地更具有标志性和归属感,提升畲族村落的文化价值。文化景观基因的转译是畲族文化与村落景观营建融合的桥梁,在实践中应该根据场地特征进行分析,筛选和整合恰当的文化景观基因,选择合适的表现方式和技术方法,同时注重传承与创新、艺术性与实用性。在文化景观基因转译的实践中应遵循以下原则。

(一)尊重自然,延续乡村肌理

景宁地区畲族传统村落多顺应地势而建,追求人与自然的平衡,人类破坏活动较少,极大地保留了自然风光。因此,在打造具有畲族特色乡村文化景观的过程中,也应继续遵循人与自然和谐共处的设计原则,尽量减少对自然资源的破坏,保留乡村自然环境的原貌,注重与当地自然环境的融合,充分考虑山、水、地形、动植物等自然要素的影响。同时,尊重乡村的整体风貌和空间肌理,如乡村特有的生产景观、土地利用景观、特色的农作物景观、民居建筑景观等,做到因地制宜、就地取材,在节约能源与资源的同时,注重保持村落整体的原真性与乡土性,以求和当地环境景观有机地融为一体。

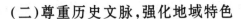

(二)尊重历史文脉,强化地域特色

景宁地区畲族传统村落景观营建应该尊重当地的传统文化、历史文脉和地域特色,将其融入景观营造中。在转译应用中,文化景观基因的筛选显得尤为重要,应遵循村落场地特征,选取符合场地环境和历史文化内涵的元素,以突出、强化地域文化特色。尊重畲族传统村落的历史文脉,将凝练的文化景观基因符号有机地融入场地的建筑、公共艺术、铺装、构筑物、植物等景观设计中,以形成一个完整的文化展示链,在强调回归本真的同时,以求延续历史文脉与现代创新设计的和谐共荣。

(三)创新表现形式与方法

文化景观基因转译的表现方式要与场地的整体设计相结合,使用适当的表现方式来呈现文化元素,使其不仅符合文化内涵,还能满足现代美学需求和场地的功能要求,提升场地的识别度和美感。文化景观基因转译并不是传统文化的简单模仿,而应该具有创新性和时代性。在文化景观基因的植入过程中,综合运用现代与传统相结合的技术方法,注重文化景观基因的传承与创新,保持其原有的文化内涵和历史特色。同时,也要注意创新的尺度,探寻畲族文化与现代景观设计的平衡点,在延续文脉的同时均衡景观设计的现代感,更能体现时代的精神和审美观念,以满足现代社会的需求。

(四)兼具艺术性与实用性

在进行文化景观基因转译中,需要注重艺术性和实用性的表达。在转译过程中综合应用形式美的法则,即均衡与对称、统一与变化、节奏与韵律、比例与尺度、对比与调和等,在色彩、线条、形态构成上不断强化作品的艺术美感,用艺术设计的手法让人们在审美体验中实现对乡村文化的认知。同时，还需要考虑实用性的问题，转译不仅仅是满足人们视觉文化的审美需要，还要具备实用的功能，将文化景观基因与景观的实用功能有效结合，以实现场地的功能价值。实践中，应综合考虑文化景观基因转译的时代性和适用性，使其更符合现代的审美需求和使用需求，满足人们休闲、娱乐、观光、学习等多种需求。

（五）增强村民的认同感和归属感

景宁地区畲族传统村落景观营建应该体现人文关怀，除了美学、艺术、文化感性认知的提升，还需要注重人与自然、人与人、人与文化在情感上的共鸣，打造具有独特艺术气息和人文情感的空间。景宁地区畲族传统村落文化景观的营造并非艺术家、设计师的意志体现，更多地应该为村民创造属于他们自己的精神家园，通过畲族传统文化景观基因的转译唤醒村民内心的文化自信，增强村民的认同感、归属感，激发村民参与村落建设的主动性和积极性，共同创造未来的美好生活。这样的文化景观营建是可持续的，既能提高乡村的生活品质，又能促进当地经济的发展。

二、文化景观基因转译的方法

文化景观基因的转译旨在重拾、振兴畲族传统文化。文化景观基因应能准确传达景观的文化信息，体现乡土景观的原真性与地域性。本书通过对从传统建筑、传统服饰与传统习俗等方面提取的文化景观基因进行梳理、归纳，从中提炼景宁畲族文化中特色鲜明、识别度高、畲民认同感强的文化景观基因，并加以符号化，探索融合公共艺术、植物、铺装、建筑等具体景观营建的方法和路径，让景观营建效果更加贴近畲族历史、文化和生活，达到传承畲族乡土文化的目的。

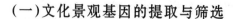

(一)文化景观基因的提取与筛选

1.建筑文化元素

在传统畲族建筑中,屋顶的造型有着明显的特点,主建筑通常为双坡悬山顶,屋顶人字架,通过披檐连接前后厅,整体呈现长短坡屋顶。在主建筑四周的辅房,随山就势布局,形成了高低不一、方向不同的披檐。屋檐形式的灵活多变使得畲族建筑屋顶的造型艺术效果更为丰富。畲族建筑较多地采用当地材料,如木材、竹、泥、石等。畲族建筑墙体多采用黄土夯墙和石勒脚、木构进行组合,形成了建筑特有的肌理。建筑色彩呈现石、夯土、木构材料的本色,表现为土黄色和灰色,整体建筑风格自然朴实。此外,畲族建筑上的木雕工艺技艺精湛,图案类型丰富,有动物、花草、人物、几何、图腾等。可以将上述畲族建筑文化景观基因用于景观营造中(见表7-1),以形成具有丰富文化内涵,并与村落整体风貌和谐统一的景观。

表 7-1 建筑文化元素

建筑特征	提取的元素
屋顶造型	主建筑悬山顶,两坡带披檐,前后呈长短坡;辅房自由披檐。
立面肌理	立面为石、夯土、木构分段式结构。
建筑色彩	土黄色、灰色。
建筑装饰	木雕图案,如花草、动物、几何、图腾类等。

2.服饰文化元素

畲族传统服饰是畲族文化的重要组成部分,其精湛的刺绣、编织技艺、独特的色彩及图案给人们留下了深刻的印象。畲族服饰刺绣图案设计的灵感通常来自大自然和农耕生活,图案主要为自然界的动物和植物，以及从自然界的山川、河流、森林、蓝天、白云、风等自然元素及农耕生活中抽象而来的几何纹，这些图案传递了畲族的社会文化，寄托人们对生活的美好期待。畲族传统服饰的特点还体现在服饰的剪裁和线条方面的处理。畲族传统服饰通常都采用了柔和的线条裁剪，色彩以蓝、黑为主，体现出畲族服饰设计追求的自然、简洁和舒适。彩带作为畲族服饰的一个组成部分，其字带中的意符文字具有特定的含义，是了解古老畲族文化的一把钥匙。这些意符文字是畲族文化的记忆载体。服饰文化元素中的色彩、装饰图案、服饰结构也可以作为可展示性的景观基因进行提取，应用于村落的景观营建以丰富场所的畲族特色文化体验。

3. 图腾文化元素

畲民通过勤劳的双手创造了各种各样的工艺品，并用各式各样的纹样来表达畲民的精神世界，展现了畲民的文化特质。凤凰图腾在畲族文化中代表着吉祥、美好和力量，反映了畲族的民俗信仰和民族起源，是畲族的文化标志和精神寄托。凤鸟的图案被广泛地应用于畲族服饰、建筑中，是畲族文化的重要内容。在景宁地区畲族传统村落景观营建中，可以充分凝练凤凰图腾纹样的精髓，探索畲族图腾类文化景观基因的表现形式，在乡村景观更新中将这些被赋予美好寓意和丰富民族文化内涵的图腾文化符号运用于景观空间中，实现视觉文化符号与实用功能相融合。

4. 其他文化元素

大多数畲族村落依山而建，形成了层层叠叠的田地。茶叶梯田是景宁地区畲族山地型村落中一种特有的土地利用景观和农业生产景观。茶田承载了丰富的地域文化，是畲族传统农业文化的代表。此外，香菇、木耳、草药、竹林、杉木、苦槠、枫香、红豆杉等是景宁地区畲族村落中与畲民生活、生产息息相关的植物。这类环境景观基因也是畲族地域文化传承和展示的重要方式。畲族非物质文化是畲民的精神财富,是畲族文化的重要组成部分,能让人们更好地了解和感受多元化的畲族文化。如饮食文化、节事习俗、畲族歌舞都是畲族村落的文化特色。在畲族传统村落景观营建中,可充分考虑这类文化景观基因的应用,全方位地丰富村落的文化景观的视觉内容。

(二)文化景观基因的融合

文化景观基因是畲族村落景观营建的灵感源泉,为了将文化景观基因融入乡土景观营建中加以运用,必须将文化景观基因转换成一种视觉化的设计语言,即文化景观基因符号化的过程。文化景观基因的融合,应注重设计需求和艺术审美相结合,运用符号学的原理,采用元素因借、元素重构、抽象重组、物化创新等多种符号转化的方式,将提取的地域文化景观基因符号化处理,并融入景观环境中。

1.元素因借

文化景观基因"元素因借"的方法是在景观营建中直接借用景宁地区畲民普遍认同的、具有约定俗成文化内涵和一定辨识度的一类文化景观基因符号,这类符号的形式与畲族文化之间有着很强的映射关系,是畲族文化符号的原形,如畲族彩带中的意符文字、凤凰图腾等,它们是畲族历史与文化的象征。在畲族传统村落景观营建中直接应用这些符号,是畲族传统文化的重现,也是体现地域文化最直观的方法。这种方法需要注意场地的景观风格与形式、整体空间环境氛围的营造,在景观材料的色彩、质感、材料及技术方面寻求变化,突出景观基因传统符号的时代意义和地域特性,为村落景观建设带来更强的吸引力,达到对文景观基因的继承和发扬。

2.元素重构

元素重构是景观基因符号化的一种重要设计方法,是对文化景观基因符号的外在形式特征进行提炼和重塑,通过对景观基因物质原形的分析、概括,提炼出畲族特有的文化元素,并把这些元素进行分解、重构,组合形成新的文化景观符号,从而更为深层次地展示地域文化精髓的方法。这种文化景观符号更具艺术表现力,耐人寻味。

3.简化抽象

当文化景观基因形式过于繁复时,就需要对文化景观基因的整体形象进行简化和抽象,选取形象中特点最鲜明的部分简化其形体,把内部结构简化,去掉复杂、繁琐、不具有显著畲族特色的细部构造或装饰,从而得到简洁、明快、易识别的形体符号,同时又在一定程度上表现了地域传统文化景观的文化特色。如与畲族传统建筑、服饰相关的文化景观基因,可以通过这种方法进行文化景观基因的符号转化。

4.物化创新

物化创新是对文化景观基因形象化的表达,也可以通过直觉、联想、想象等体验方法对传统地域文化深入感受后留下印象剪影,用符号"面"的元素来表现文化景观基因的整体形象。这种方法适用于环境基因、非物质文化的景观基因符号转化,可以通过物化提炼其形,进一步开拓和丰富文化景观基因符号的种类和应用领域,多方位演绎畲族地域文化的内涵,赋予传统畲族文化新的活力与生命力。

总体而言,处理文化景观基因在景观营建中形态的符号化应用,需要处理好地域文化继承与创新之间的关系。文化景观基因的视觉符号既要植根于地域传统文化,以传统畲族文化为核心进行多维度拓展,同时又要立足于新的时代环境,让乡土文化适应时代而得到可持续发展。此外,创新符号应符合大众的审美情趣与认知规律,畲族特征鲜明,且符号认同感强,从而有效地促进畲族传统文化的推广与传播,提升人们的文化体验感。

三、文化基因符号在乡村景观营建中的实践应用

(一)植物景观

植物作为唯一具有生命的景观要素,能美化和丰富乡村景观。乡土植物景观是乡村地区富有地域特色的植物景观,是乡村地区自然和文化资源的重要组成部分。乡土植物景观的形成与乡村地区的地理环境、气候条件、历史文化和生态系统密切相关。与非乡土植物相比,乡土植物更具可持续性和环境友好性,有利于乡村生态环境的稳定和健康。同时,乡土植物还是乡土文化的载体,也是当地村民的审美情趣和生活生产习惯的表现。在景宁地区畲族传统村落特色的塑造中,乡土植物景观可以烘托出畲族村落的文化气质,增强文化吸引力,形成具有畲族文化魅力的乡土景观。

景宁地区畲族传统村落植物资源丰富,山区负氧离子含量高,空气清新。在植物景观的营造上可以采用元素因借的方式,直接选择应用当地常见且有地方特色的植物,如枫香、苦槠、红豆杉、柳杉、毛竹、香樟、厚朴、棕榈、银杏等。如图7-1所示的竹子长廊设计,树池座椅设计中融入畲族姓氏(钟、蓝、雷、盘)文化景观基因,在树池座椅刻上畲族姓氏(见图7-2),象征畲民的团结与和睦。同时,树池内种植畲族特色植物——毛竹,形成"畲乡秘境,

竹里长廊"的特色节点景观。

　　此外，在畲族村落植物景观营造中还可以选择反映当地饮食文化的植物。在景宁地区畲族传统村落中有着以苦槠果、豆腐柴叶、苎麻叶、乌稔树叶等为食物原料的饮食风俗。将这些具有畲族饮食特色的植物运用于植物景观营造中，不仅可以使整体植物景观更具文化内涵和观赏性，还可以唤起畲民的乡愁，营造浓郁的畲族文化氛围，让游客在这里感受到畲族文化的魅力。目前，景宁地区畲族传统村落内仍存活大量超百年树龄的古树名木，它们见证了村落的发展历史，犹如守护者，庇护着村里一代又一代的畲族子孙。畲民对于这些古树名木有着深厚的感情，常常认其作为"干亲"。因此，在景宁地区畲族村落植物景观营造中，可以将村内的古树资源作为重要的植物景观节点来打造，以增强村民对村落的认同感和归属感，也为游客提供祈福和休憩场所。

图 7-1　竹子长廊效果　　　　　图 7-2　畲族姓氏
（吴天成绘制）　　　　　　　　（吴天成绘制）

（二）农业景观

　　农业是乡村经济发展的主要动力之一。农业景观是乡村景观的重要组成部分，是乡村土地占比较大的一种景观类型，包括农田、果园、菜地、畜牧等。现代农业景观除了具有食物供给功能外,还具有休闲观光、科普教育、文化传承、生态保护等多重功能,是农业与休闲旅游相结合的产业类型。在景宁地区畲族传统村落的农业景观设计中,可充分利用当地农业景观资源和农业生产条件,有机融合畲族传统的农业生产景观基因,发展集观光、休闲、旅游于一体的农业生产经营模式,打造兼具创意性、文化性、趣味性、互动性的休闲农业景观。

景宁地区畲族传统村落农业景观的营建可以充分利用乡村特有的自然资源,开展特色农耕活动,创造具有浓郁畲族文化特色的农业休闲观光景观。畲族农耕文化历史悠久,与之相关的民俗文化绚烂多彩,将农业景观与农业生产习俗文化景观基因相结合,如在开秧门、尝新米等农业生产节点举办一些庆祝活动或农事仪式,不仅可以促进农耕文化的传承,增强畲民的幸福感,同时还可以向游客展示畲族传统的农耕文化习俗,提升畲族的农耕文化氛围。

特色农作物的设计能在空间上形成特色农业景观,让农业的生产性、可持续性同景观性相融合,成为生产、生活、生态"三生"的有机结合体。景宁畲族地区处于浙江省西南部,是典型的亚热带季风气候,丘陵山区地貌为其带来了特殊的梯田农业景观。在景观规划布局中应尽可能地保护原有传统的梯田肌理,合理规划种植农作物,形成农业与观赏相结合的农田景观。如在景观设计时要考虑到农田景观的季节变迁,在不同的季节可以种植不同的农作物,如春季的油菜花、秋季的水稻以及常绿的茶叶在季相上相互补充,以达到四季有景可赏的效果。大多数景宁地区畲族传统村落农业以茶叶、木耳、香菇等种植为主,为了各村落的差异化发展,彰显出各乡村的特色,在保留原有特色经济作物的同时,还可以因地制宜地建立品牌果蔬农业采摘体验园,比如高山葡萄、高山猕猴桃、高山南瓜等，以丰富乡村农业生产的产业结构。在农业体验区景观设计中，可以充分利用栈道和景观亭等景观设施与农业生产景观相结合，让人们能够近距离感受畲族农耕文化的魅力，如在茶叶梯田上设置供人们自由穿梭的木栈道和驻足慢赏的茅寮（见图7-3）。

图7-3　采茶制茶体验区效果（吴天成绘制）

畲族医药是中华民族医药宝库的重要组成部分，是畲民长期在生产、生活实践中与疾病作斗争的经验总结和智慧结晶。畲药在跌打损伤、蛇伤、风湿、肺炎、脊髓炎等方面有独特效果，是我国重要的非物质文化遗产，如今却面临着失传的风险。畲药以植物药材为主，在植物景观营造中可以根据畲药植物不同的特性形成稳定的人工植物群落景观，以继承和推广畲族医药文化。畲药植物大多为长势低矮的植物，适合作为植物景观中的地被层应用，如黄精、七叶一枝花、薜荔、活血丹、血水草、山麦冬、酢浆草、马齿苋、覆盆子、美人蕉、卷柏、凤尾蕨等。此外，可以在畲族传统村落中设置药用植物专类园，作为畲族药圃种植和医药传承的展示场地,结合休息的景观亭,让人们在游走、观赏和休憩中,学习畲族医药文化知识(见图 7-4)。

图 7-4　畲药植物专类园效果(王虹绘制)

在农业景观中可以积极融入畲族传统特色农具造型符号,在景观小品设计、树池花坛等设施中,结合畲民生产生活中使用的石碓、石磨、卷扬机、锄头、镰刀、笠帽、蓑衣、犁等工具、农具,将这些景观基因元素与现代设计相结合,在细节上营造乡土氛围,守住乡愁。同时,让游客参与体验扬谷物、舂米、打年糕等农事活动,充分调动游客参与体验的积极性,让游客在体验农事活动乐趣的同时,更加深入地了解畲族农耕文化。

(三)铺装景观

铺装是一种装饰艺术,兼具实用性和美观性的功能,是景观空间或场所界定的载体之一,有机地联系着各个景观元素,也是场地景观中不可或缺的一部分。铺装的实用性主要表现在交通疏导和路线组织上,给人们提供视线引导、空间分隔、聚集和疏散人流等功能。同时,铺装具有较强的装饰效果,是有效传递地域文化的载体。通过选择与场地环境、意境相契合的铺装材料及设计图案，能有效提升环境的整体艺术水平和文化内涵。景宁地区畲族传统村落有着独特的地域文化特色，结合景观基因设计具有畲族文化特色的铺装形式，注重审美与文化内涵表达的统一，是赋予村落以畲族文化内涵和文化价值的有效途径之一。

选取畲族传统村落的文化景观基因，进行图形抽象化、物化而形成符号单体，再将这些单体根据设计场地的意境进行重组，可以得到不同的图形组合；将符号单体或者单体组合后的图形符号进一步融入铺装设计，可以在很大程度上丰富铺装的艺术内容（见表7-2、图7-5）。在村落公共空间铺装设计时，应该根据场地的功能需求和文化氛围来选取文化景观基因符号单体组合，以求更好地与环境融合，如在村口广场上可采用凤羽的组合图形，凸显畲族的崇凤文化，以营造浓郁的畲族传统文化氛围。在设计商业街道时，采用绿曲酒罐和屋檐造型的组合，意在表达恬适的村居生活，使商业街道充满了畲族村寨的人间烟火气。在设计畲药馆前铺装时，采用草药和茶叶这两种有益健康、具有畲族特色的自然植物元素进行组合，使畲药馆外部环境更具文化内涵。

值得一提的是，畲族传统村落铺装有着自身独特的肌理，铺装设计需要与乡村景观的整体风貌融合与统一。村落街巷是串联村民日常生产、生活的线形空间，应注意尽量尊重原有的道路景观风貌，避免重度铺装化设计，或者简单的水泥硬化，应以原有的碎石路肌理为主，可以充分利用当地材料或回收可再利用的砖瓦和碎石，以节约能源和资源，同时也有利于保持村落的乡土性和原真性。

表 7-2　文化景观基因符号单体举例（李文洋绘制）

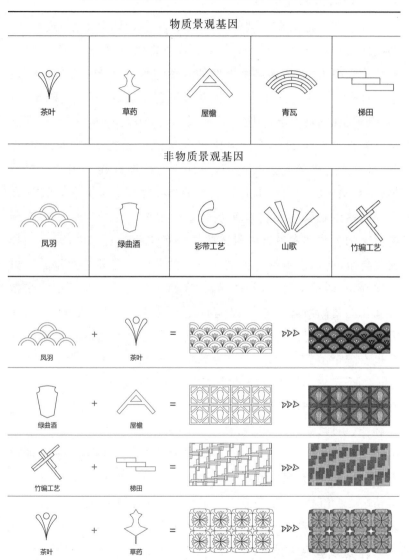

图 7-5　文化景观基因符号单体组合示意（李文洋绘制）

(四)公共艺术景观

公共艺术是指在公共开放空间中设置兼具文化性、艺术性、功能性的景观作品,以丰富公共空间的文化内涵、提升公共空间的环境吸引力,为公众提供更好的生活体验和文化享受。公共艺术设计涵盖的内容非常广泛,涉及多种艺术表现形式,如雕塑、景墙、景观小品、具有艺术性的功能设施、行为艺术等,在乡村景观中有着举足轻重的作用。畲族传统村落历史悠久、文化积淀深厚,将畲族文化融入公共艺术,让其成为传递畲族文化的重要载体,将对畲族的文化传承起到重要的推动作用。公共艺术设计在畲族村落景观营建中占有举足轻重的地位。在景宁地区畲族传统村落的公共艺术设计中融入当地特色文化景观基因,既是一种文化传承的方式,也是一种文化表达的载体。公共艺术作品可以传递知识、传承文化、培养情感,让人们在乡村公共空间中感受畲族文化的精髓所在。它不仅能有效承载畲族历史、文化、信仰等方面的信息和价值,而且对于畲民的文化自信和自我认同感的提升也有着至关重要的作用。

一个民族的传统文化是族群在特定环境中生存,并逐渐发展和沉淀之后的产物。畲族是我国最古老的少数民族之一,畲民凭借勤劳、勇敢、乐观的品质,在长期的生产生活实践活动中,逐渐形成了具有鲜明特色的文化,并渗透社会的各个领域。景宁地区畲民的民俗文化、服饰文化和建筑文化等无不反映了该民族的审美情趣、文化特质和价值观等。将这些文化景观基因引入公共艺术设计中,可以形成具有民族特色的公共艺术。

1.景观雕塑

景观雕塑作为公共艺术的重要艺术表现形式之一,一般都处于景观空间的视觉焦点处,起到画龙点睛的作用。乡村的景观雕塑一般选址于村口、桥头、古树下、田间、祠堂、商业等重要场景环境中。一个好的景观雕塑作品通常能与场地环境和谐共融,具有较强的艺术感染力,能充分展现地域文化的特色,激发人们的情感共鸣,促进文化的交流与互动,达到强化乡村形象和提升文化氛围的作用。在设计景宁地区畲族传统村落的景观雕塑时,需要从题材内容、表现形式、材料应用等方面进行综合考虑,选择合适的文化景观基因进行转译。

畲族茶文化是景宁地区畲族的重要文化遗产之一,当地特色惠明茶具有悠久的历史和丰富的文化内涵。在景宁地区畲族的日常生活中,喝茶是一种重要的社交和文化习俗,也是一种广泛流传的民间文化。在景宁地区畲族传统村落公共空间景观雕塑的设计中,可以考虑将茶文化作为一个重要的文化景观元素加以利用。如图 7-6 所示,在茶文化景观雕塑的设计中,设计者以景宁地区畲民日常生活中使用的茶壶、茶杯作为设计符号,结合出水的水景效果,生动地展现出景宁地区畲族传统茶文化的独特韵味。

图 7-6 茶文化景观雕塑效果(吴天成绘制)

2.景墙

景墙是景观设计中常见的一种元素，主要起到组织、划分空间、疏导人流、烘托文化内涵的作用，可以实现空间之间的融合与渗透，增强空间的层次变化。同时，通过图案、材质、颜色等方面的设计，景墙能营造出不同的文化主题氛围。景墙的组合形式较为灵活多样，且通透性较强，能有效地营造出空间的虚实变化，丰富景观的层次感和美感。景宁地区畲族传统村落的文化历史悠久、内涵丰富，从畲族传统文化中提炼畲族特色文化景观基因符号，对其加以合理利用和创新设计，打造畲族风韵浓厚的特色景墙，可以展现其独特的民族风貌，实现畲族文化的传播与复兴。

《镂金鉴凤》作品通过对凤凰图腾运用抽象提炼、结构变形等手法，以中国民间传统艺术剪纸的形式呈现畲族的凤凰图腾，展现出立体镂空的艺术效果，作品整体灵巧活泼、视觉冲击力较强。作品运用到畲族村落公共空间景观中，可以与花草、树木等植物元素结合起来，增强场地的竖向和空间的变化，使整个景观区域更加立体、生动。同时，作品也能提升场地文化氛围，起到传播畲族传统文化的功能（见图7-7）。

图 7-7　《镂金鉴凤》示意（李文洋绘制）

　　意符文字是畲族重要的传统文化标志之一,如今已没有文字的实用功能,但作为一种畲族约定俗成的象形表意的装饰符号被广泛应用于传统彩带编织纹饰图案中,具有一定的实用性和装饰性,是凝结了畲民智慧的艺术精华。意符文字大多呈几何折线与倾斜排列字形的特征,具有形象简洁、结构稳定的特点,给人以强烈的视觉感受。将意符文字融入其他畲族元素并运用在景墙设计中,可以增强场地的畲族文化神秘感,打造独特的乡村文化形象和人文魅力。《云檐畲语》作品直接提取与畲族日常农耕生活和山居自然环境相关的意符文字,景墙的墙体由意符文字形状的砖块单元组合而成,结合抽象后的畲族民居屋檐造型,其形状如高耸入云的山峰,整个作品较好地融合了传统畲族村落的自然和人文环境,丰富了场地文化精神内涵,更能与当地村民产生心理共鸣(见图 7-8、图 7-9)。

　　《幸福吉祥》作品应用了畲族传统建筑材料中的夯土墙、石勒脚和象征幸福吉祥的意符文字作为设计元素,同时融合畲族民居屋顶和瓦片的元素,让畲族村民亲切地感受到本民族的文化气息,容易产生情感上的共鸣。景墙在设计上注重与畲族传统建筑的融合,寓意美好,展现了畲族建筑文化特色,为乡村增添了畲族文化视觉元素(见图 7-10)。

图 7-8　《云檐畲语》示意(李文洋绘制)

图 7-9 《云檐畲语》效果（吴天成绘制）

图 7-10 《幸福吉祥》景墙效果（顾静绘制）

（五）构筑物

构筑物是公共空间景观中的重要元素，与村民的日常生活息息相关，是人与人交流较为密集的地方，为人们日常活动、交往和娱乐提供舒适、便利的休息空间，其包括亭台、花架、牌楼、塔楼等,能有效塑造村落景观的整体形象,是乡村文化表现的重要物质载体。针对畲族村民的生活习惯需求,可以适当设置具有当地文化特色和内涵的景观构筑物,以很好地诠释当地文化风格,打造一个充满文化魅力的休息空间。同时,景观构筑物可以展现出景观的丰富性和层次性,以营造一个自然、生动、有美感的休息环境。将构筑物作为文化的载体,通过构筑物造型的变化,能够营造出具有文化氛围的景观环境。在畲族村落构筑物的设计中,可以充分融入畲族文化景观基因,让村民在生活中感受畲族文化,有助于增强文化认同感和自豪感。

凤凰作为畲族的图腾,是畲民精神层面无可替代的信仰。景宁地区畲族作为历史悠久的少数民族,历代生活在山林之中,就如同沉眠的凤凰,等待着再次展翅之时。《凤栖梧桐》作品采用木质结构,造型灵感来源于飘动的凤尾,并与周边种植的梧桐树相互结合,如同栖息其上的凤凰。将凤尾覆羽随风飘动的形态化作横梁,共 9 道横梁,并与柱子相连形成架构,以凤尾翎羽修长弯曲的形态化作屋顶,并与横梁进行一定的交叉后组成构筑物的骨架主体(见图 7-11)。屋顶保留了灰瓦这一传统畲族建筑材料,使充满现代感的造型与传统建筑风貌取得内在联系,平衡两者的关系,达到现代与传统的契合。构筑物的设计还结合了华夏民族神秘古老的美丽传说"凤栖梧桐",意为凤凰只在梧桐树上栖息,凤择木而栖,贤才择主而事。在亭子周围的植物配置方面,选择以梧桐为主体,芭蕉、杜鹃为辅的搭配,更加突出凤栖梧桐亭的设计主题(见图 7-12)。在功能方面,亭内设置有木制座椅,村民可在劳作后在其中休憩交谈,也可在此欣赏风景。雨天避雨、晴天遮阳,处于亭内便有一丝凤凰子民的意味。这个设计应用了现代与传统相结合的方法,通过构筑物的造型、材料、色彩、结构等,为乡村环境注入了时代的气息，给人以美感和视觉享受，也展示了传统村落应具有的时代特征（见图 7-13）。

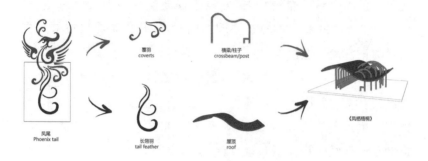

图 7-11 凤凰设计元素演变过程（李文洋绘制）

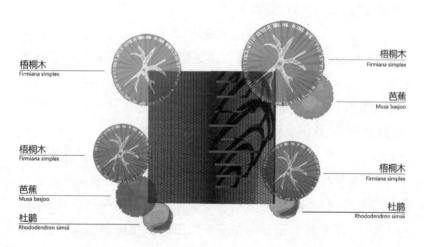

图 7-12 《凤栖梧桐》俯视（李文洋绘制）

图 7-13　《凤栖梧桐》效果(李文洋绘制)

　　廊桥具有连接道路、提供休憩、遮风挡雨等功能,图 7-14 中的廊桥桥身设计提取了景宁地区畲族传统建筑中卷草凤凰纹的图腾纹样元素(见图 7-15)。结合廊桥的曲度,将设计元素以彩带灵动、飘逸的抽象形态呈现,让廊桥更具畲族特色和文化内涵(见图 7-16)。

图 7-14　廊桥示意(李文洋绘制)

图 7-15　浮雕示意(李文洋绘制)

图 7-16　廊桥应用效果(王虹绘制)

　　竹编是景宁地区畲族非物质文化中的一项传统工艺,竹艺亭廊结合了畲族竹编文化技艺景观基因,将这项畲族竹编工艺融入景观廊架的设计中,让人们在穿行亭廊中感受畲族竹编的独特魅力(见图 7-17)。

图 7-17　竹艺亭廊效果(奚梦妮绘制)

(六)视觉导视系统

　　文旅融合是振兴景宁地区畲族村落的一个重要途径,在现代化旅游业发展中,视觉导视系统是对外界展示村落畲族文化的重要窗口,是乡村基础建设中不可或缺的一项重要内容,能增强村民的归属感和认同感,成为乡村文化特色的有机载体。同时,还能向游客传达村落的整体形象和文化特色,更好地理解村落的文化和资源,在游览过程中能清晰、明确地获取村庄的文化信息、景点分布和特征,让旅游变得更加舒适、便捷,进而为村落旅游提供更好的文化体验。景宁地区畲族传统村落的视觉导视系统设计应该体现畲族文化的传承和创新。一方面,尊重畲族村落的历史文化,从畲族的传统文化中汲取设计灵感;另一方面,创新和发展畲族文化,对传统元素进行简化抽象、重组和创新,以适应新时代发展的需要。

　　村口标志作为村落入口重要的景观标志,应树立起个性鲜明的乡村视觉形象，有效弘扬乡村文化，传递乡村文化理念。《云檐煮茗》作品主要为景宁地区畲族传统村落设计的村口标志，设计中融入了凤凰图腾、习俗、建筑方面的文化景观基因，通过对这些文化景观基因元素运用抽象、物化重构等创新设计方法，形成了富有畲族文化内涵的村口视觉标志。作品以象征畲族精神的凤凰图腾和茶文化作为传递畲族核心文化的设计元素。在设计方面，抽象、物化提取凤羽和茶叶后进行组合，并以一定的规律重复排列形成村口标志墙上的图形纹样（见图7-18）。景墙周边分布的高度不一的小灯塔设计灵感来自畲族民居建筑，景宁地区畲族居民常居住在山腰，房屋随着跌宕起伏的地势高高低低地分布，夜晚家家户户的灯光如同林中夜晚的繁星。作品采用花岗岩为基座，中间采用镂空的形式，内置灯具，顶部采用木制屋檐的形式，夜晚来临时，星星点点的灯光映射出畲族诗意山居的隐逸生活（见图7-19、图7-20）。

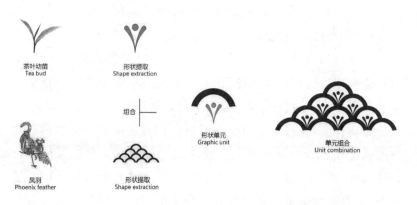

图7-18 设计元素单元演变（李文洋绘制）

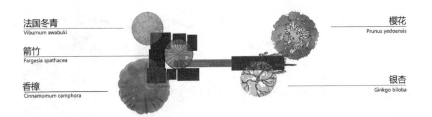

法国冬青
Viburnum awabuki

箭竹
Fargesia spathacea

香樟
Cinnamomum camphora

樱花
Prunus yedoensis

银杏
Ginkgo biloba

图 7-19　村口标志景墙平面（李文洋绘制）

图 7-20　村口标志景墙示意（李文洋绘制）

　　视觉导引系统分布于村落街巷空间中的重要节点，主要包括告示牌、介绍牌、标志牌、指路牌等，起到视觉导向和组织空间、文化解说等作用，同时又具有美化空间环境的作用，能将乡村形象信息进行系统性的传递，有效增强村落的秩序性和文化内涵。导引系统设计应注意系列标牌形式的整体性，以乡村文化为核心。景宁地区畲族传统村落导视标志牌在设计时可结合文化景观基因，如将畲族传统建筑屋顶"人"字形的屋架和表达"民族繁荣""天长地久"美好寓意的畲族意符文字等元素，经过解构、重组等创新设计，不但强化了标志牌的视觉传播效果，同时还实现了畲族文化信息的有效传达（见图 7-21）。

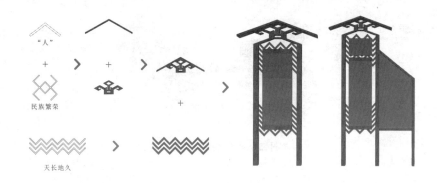

"人"

民族繁荣

天长地久

图 7-21　导视标志牌设计示意(顾静绘制)

(七)公共服务设施景观

　　乡村公共服务设施是指分布在乡村公共空间中,以满足村民和游客行为和活动需求的公用服务系统设施,包括户外坐具、室外灯具、垃圾桶、防护栏等,是乡村景观中不可或缺的组成部分,在提升乡村生活环境品质方面发挥着积极的作用。这些公共服务设施与村民的生活休戚相关,不仅为人们日常生活提供便利和贴心的公共服务,还能美化环境空间,成为展示地域文化的窗口。在景宁地区畲族传统村落的公共设施设计中融入畲族文化景观基因元素,以一定的艺术形式展现,能有效丰富畲族传统村落的视觉文化,更好地营造畲族传统村落的文化氛围,从而提升乡村的整体形象。

　　灯具本身提供照明功能,植入文化元素时也可作为空间中的一件艺术装置,具有一定的审美价值。图 7-22 中草坪灯的设计灵感来源于当地民居屋檐的造型以及凤凰图腾纹样,灯具上部提取建筑屋檐的造型,灯具底座以凤凰图腾纹样装饰。路灯在灯柱的造型中融入畲族房屋形式、"畲"字形体和竹编等文化景观基因元素。通过畲族文化元素的融入,应用形式美法则优化结构,赋予

灯具一定的畲族文化特色，让人们得到美的享受，沉浸于畲族文
化的熏陶中。

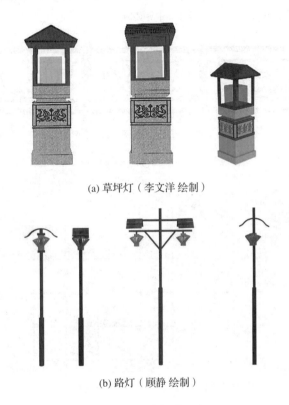

(a) 草坪灯（李文洋 绘制）

(b) 路灯（顾静 绘制）

图 7-22　室外灯具示意

　　栏杆作为安全保障设施，在设计场地中主要起到保护人员和
设备安全、维护公共秩序、减少事故和破坏的作用。在栏杆的设
计中融入畲族文化景观基因元素的形式符号，将功能与形式通过
设计语言进行有效的连接，形成内涵丰富的文化景观。如在景宁
地区畲族传统村落河道栏杆的设计中，对凤凰纹样进行抽象简
化，将凤凰展开的羽翅与当地彩带飘逸的形态相结合，用彩带之

形绘凤凰之意。栏杆、建筑、水体间的相互衬托，丰富了滨河景观层次和空间虚实变化。同时，更好地展现了畲族的民族文化，给人留下深刻的印象（图7-23、图7-24）。

图 7-23　栏杆示意（李文洋绘制）

图 7-24　栏杆应用效果（吴天成绘制）

（八）新畲族建筑景观

少数民族建筑能够很好地展现该民族地区的乡村风貌，是地域环境中重要的标志性符号之一，具有重要的历史意义。景宁地区畲族传统村落保留了大量传统民居建筑，它们是畲民的民族之根，信仰之魂。畲族村落新畲族建筑的营建应吸取传统建筑形式，深入挖掘建筑景观基因和文化内涵，借鉴畲族传统建造工艺，融入畲族文化符号元素，将新、旧建筑相互融合，用新旧结合的手法保留建筑历史记忆的肌理,在展现畲族文化特征的同时,赋予畲族建筑时代气息。只有当建筑景观符合现代人在功能、审美上的要求,跟上时代发展的步伐,我们才能将这种营建方式视为真正意义上对畲族传统建筑的保护和发展。畲族自古以来居住于山地环境之中,与自然共生的生态意识已经渗入畲民的文化和生活,形成了崇尚自然的生态观。因此,新畲族建筑在设计时应更注重与环境的协调,与自然共融。因此,在景宁地区新畲族建筑营建中应秉持辩证的态度,充分尊重自然环境,因地制宜地与周边环境巧妙结合,注重建筑体量、高度、层数、比例、色彩等与所处的自然环境相协调,在建筑景观中融入畲族传统建筑文化基因符号,应用现代设计手法,让营建的建筑空间、结构、材料更加科学,更加符合现代人的审美和生活需求,形成兼具美观和实用性的新式畲族建筑,这也是新时代畲族文化发展和创新的一种尝试。

现代建筑技术的革新、新材料和新的建造体系势必会对原有建筑形式产生一定的影响。如何在建筑形式上体现畲族建筑的特色,而不是一味地生搬硬套,就需要分析传统建筑形式特征的生成机理,有效判断新材料和新结构应用的合理性,以实现传统文化建筑语言的现代转译。厘清畲族具有代表性的外部特征、建筑造型符号,并将其应用于现代乡村景观建筑的造型、外立面的设计,打造畲族特色主题建筑(见图7-25)。如在新畲族建筑的立面设计中充分利用屋顶的造型特征(如悬山屋顶、带天井的长短坡屋顶),建筑立面上夯土墙、石勒脚、木结构组合的肌理以及建筑色彩等,将这些提炼的建筑基因进行合理的拼贴、重组,结合现代建筑使用的功能需求,融入现代材料,如玻璃、钢材等,形成稳固而富于变化的新畲族建筑,同时也延续了传统建筑的肌理特征和历史记忆(见图7-26～图7-29)。

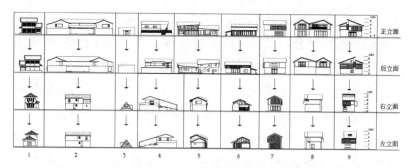

图 7-25　新畲族建筑立面（吴天成绘制）

图 7-26　传统畲族民居博物馆效果（吴天成绘制）

图 7-27　山地畲族民宿效果（吴天成绘制）

图 7-28 新畲族民居建筑效果(徐立宇绘制)

图 7-29 新畲族建筑效果(徐立宇绘制)

值得一提的是,畲族文化中的装饰元素有着丰富的文化内涵,以木雕和服饰装饰元素最为精巧、别致,与畲民的生活环境、生活习俗、民俗信仰息息相关。如景宁地区畲族传统村落中房梁、牛腿上的雕刻内容题材丰富多样,畲族传统服饰、彩带中的装饰图案与符号,蕴藏着内涵丰富的畲族文化。新畲族乡村景观建筑细节设计中,可以积极运用畲族的这些景观基因符号,对建筑的外立面、门厅装饰及建筑内部进行装饰,将建筑与这些文化符号紧密结合,在美化建筑外观的同时,赋予建筑文化内涵,为新畲

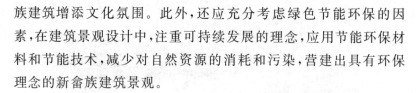

族建筑增添文化氛围。此外，还应充分考虑绿色节能环保的因素，在建筑景观设计中，注重可持续发展的理念，应用节能环保材料和节能技术，减少对自然资源的消耗和污染，营建出具有环保理念的新畲族建筑景观。

（九）水景设计

人的亲水性是与生俱来的，水具有较高的美学价值，它不仅有形态的变化、声响的变化、动静的变化，还能给环境带来光影的变化和色彩的变化，是一个极具表现力的重要造景元素，可以和其他景观元素（建筑、植物、石头等）形成不同意境的景观。乡村水景易成为乡村景观重要的视觉焦点和聚集场所，打造独具特色的水景能吸引更多游客前来观赏、休闲，进而体验乡村的自然之美和传统文化的魅力。水源是村落选址的一个重要因素，满足村民饮水、洗涤、农田灌溉等生活和农业生产用水需求，是乡村发展的基础。景宁地区畲族传统村落多选址于向阳避风、临近水源的山脚、山谷、山腰坡地，村内溪涧纵横，自然环境为村落提供了丰富的水资源，形成了瀑布、溪涧、河流等类型多样的自然水体景观。水景作为乡村风貌的重要组成部分，不仅能够烘托乡村的自然美景，还能成为弘扬畲族文化的重要场所。

景宁地区传统畲族村落水景设计应与乡村自然环境和人文风貌相协调，重点考虑水景的形式、形态、体量及与其他景观元素的配合关系。设计时应因势利导，充分利用山涧、河流、瀑布等自然水体塑造具有地域特色的水景，可以适当开挖人工水系，引入自然水体形成静谧的亲水空间。除了有防洪需求的水体沿线采用硬质驳岸外，应以自然流畅的生态驳岸为主，利用当地水生植物和自然石材的搭配，营造出"诗情画意"的景观效果。在溪涧边、河流沿岸可设置栈道、景观亭和观景平台，完善景观设施，增强人与水的互动感，使游客可以近距离观赏溪涧、河流景观，为乡村景观带来生机和活力。景观设施要结合地域文化特色,利用当地文化景观基因元素,增加游客间的人文互动,以更好地传播畲族文化。

景宁地区畲族传统村落中的水渠、水塘、竹枧等人工水景与村民生产和生活紧密相连,保留着村民原生态的生活和行为方式,是一类重要的文化景观基因。在设计水景时应强调保持乡村生活的原真性,将这些体现乡村村民日常生活的水景进行提升改造,使之成为村中展现乡村风土人情的重要景观节点。如可保留村中的水塘,设置亭台等观景设施,利用水塘周边空间打造小型休闲场所,为村民、游客提供休憩和观赏的空间(见图 7-30)。

图 7-30 畲族村落水塘效果(王虹绘制)

第二节 景宁地区传统畲族村落旅游发展策略

目前,国内不少传统村落由于拥有优美的自然环境、丰厚的历史文化底蕴、独特的民间习俗和充满地域特色的建筑风貌等特点,发展成为远近闻名的旅游景点,享受着旅游业带来的红利,如黄山市黟县宏村、杭州市桐庐县深奥村、贵州西江千户苗寨、温州市泰顺县徐岙底、丽水市松阳县陈家铺村等。旅游业是激活传统村落发展的引擎。一方面，旅游业有效地促进了乡村产业结构的调整，变绿水青山、民俗乡情为金山银山，实现传统农业的转型与升级，让乡村获得更多的社会关注、政策及资金支持等发展动能，营造良好的营商和就业环境，不断吸引精英力量和青年人群返乡创业就业，为乡村的管理和发展提供人才基础，从根本上解决村落空心化引发的问题，从而使乡村的发展步入良性循环的轨道，经济得到快速发展。另一方面，旅游业是传统村落保护和更新的有效途径之一，旅游业发展一般以村落的自然和人文环境特色为依托，将自然资源和文化资源转换成旅游产业中的特色服务与产品，能在一定程度上促进乡村景观的更新和地域文化的传承，对改善村落的基础设施和提高村民生活、居住环境品质有着重要的推动作用。

一、旅游发展现状分析

自然经济时代下，以单一传统农业为支撑的经济结构模式已经不能适应当今时代的发展，旅游业为景宁地区畲族传统村落的发展振兴提供了契机。近年，在景宁当地政府的政策扶持下，景宁地区畲族传统村落纷纷积极迈入了发展旅游的轨道中。为了充分了解景宁地区畲族村落中文化旅游发展的现状，本书选取了景宁地区正在重点发展旅游业的畲族村落作为调研对象，包括目前景宁县"环敕木山畲族风情旅游度假区"十大畲寨中的红寨—大张坑村、喜寨—金坦村、和寨—漈头村、文寨—东弄村、吉寨—包凤村、仙寨—敕木山村、禅寨—惠明寺村、动寨—双后岗村、食寨—周湖村，还包括安亭村、吴布村、岗石村等，这些畲族村落目前以畲族文化旅游为契机带动村落经济的发展，每个村落有着各自不同的旅游主题定位和发展规划，正一步步尝试着朝"一村一品"的旅游定位差异化发展（见表7-3）。

表 7-3 景宁地区畲族旅游村落的文化资源特色和发展定位①

村落名称	文化资源特色与发展定位
安亭村	安亭村以开展原生态畲族文化体验作为村落旅游发展目标。下辖的上寮村内由畲族民居改造成的"畲十古"展厅,包括"古畲织""古畲饰""古畲耕"等多方位活态展示畲族传统工艺和习俗。村内"传师学师"的班子最为齐全,每年村中都举办"奏名学法"等活动延续民风民俗,使这一项濒临失传的畲族文化仪式得以保留并传承,成为安亭村重要的文化旅游资源。
吴布村	村内畲民保持着原生态的生产生活方式,山歌、彩带、炼火等畲族"非遗"文化得到了完整的保留和传承。吴布村近千亩梯田层层叠叠、蜿蜒连绵,景色壮观、宜人,被评为全省最美田园,成为该村重要的旅游资源。
岗石村	岗石村内畲族建筑风貌保持较好,门楼、凉亭、文化礼堂、文化长廊等随地势错落有致分布。岗石村畲族习俗与文化底蕴极其深厚,保留着众多畲族非物质文化遗产项目,组建了"代代唱"原生态畲歌队、畲族功德舞队、"妈妈味道好畲味"传统美食制作团队等业余文化队伍,目前以发展畲家农家乐旅游项目为主。
大张坑村	大张坑村是环敕木山省级风情旅游度假区"十大畲寨"中的"红寨"。大张坑村有着悠久的红色革命传统和丰富的红色基因资源。民居依山就势,自上而下呈阶梯状分布,依溪涧两旁而建,层次分明又错落有致。村落总体发展规划以红色文化为主题特色,发展具有当地特色的"红色文化"旅游项目。
东弄村	东弄村是环敕木山省级风情旅游度假区"十大畲寨"中的"文寨"。东弄村中的老村是景宁地区历史人文保存较好的畲族古村,拥有众多"非遗"文化资源。村内有古树名木、蓝氏宗祠、汤三公庙等,结合现有资源,村落总体发展规划定位为畲乡度假隐士村。目前,村中设有东弄畲家田园综合体、畲乡民族文创馆,为游客提供沉浸式的畲族文化风情体验和文创体验。

① 畲乡报.环敕木山十个畲寨建设稳步推进[N/OL].[2016-1-12].http://epaper.jnnews.zj.cn/html/2016-01/12/content_4_1.htm.

续表

村落名称	文化资源特色与发展定位
双后岗村	双后岗村是环敕木山省级风情旅游度假区"十大畲寨"中的"动寨"。村庄建筑缘溪而上，旅游资源丰富，有保存较好的古寺庙、廊桥和参天古木南方红豆杉及国家级非物质文化遗产畲歌代表性传人蓝陈启。在"动寨"规划中，村落发展定位为融合畲族传统体育文化的畲乡运动场。
敕木山村	敕木山村是环敕木山省级风情旅游度假区"十大畲寨"中的"仙寨"。敕木山村环境清幽，文化底蕴深厚，1929 年德国学者史图博曾考察过该村，并撰写《浙江景宁畲民调查记》，他曾住过的合院形式民居，雕刻精美，具有较高的研究价值。村落以打造养生修心的基地为目标，结合登山运动发展休闲度假旅游模式。
周湖村	周湖村是环敕木山省级风情旅游度假区"十大畲寨"中的"食寨"。周湖村视野开阔，三面环山，一面临溪，村落以畲族传统饮食文化为核心，发展旅游餐饮，形成周湖村及其周边以旅游餐饮业为核心的旅游业态多元化发展模式，打造形成集餐饮、畲式风情住宿、娱乐等服务于一体的畲家乐综合体。
惠明寺村	惠明寺村是环敕木山省级风情旅游度假区"十大畲寨"中的"禅寨"。在畲寨规划中，依托惠明茶和千年古刹——惠明寺，构建禅修养生、禅茶文化、茶基地观光、茶产品交易等旅游项目主导下的多种产业模式，将惠明寺村打造成景宁地区畲族风情旅游度假区修心、度假、观光的畲寨。
包凤村	包凤村是环敕木山省级风情旅游度假区"十大畲寨"中的"吉寨"。包凤村中的老村是景宁的雷氏祖地。村内现建有 1000 多米以畲族文化特征为设计元素的环村文化墙，形成了独具特色的畲寨风貌。村内畲族传统技艺传承较好，其中畲族传统破五习俗"上刀山、下火海"尤为著名，村庄总体发展规划中以"包凤村为畲族雷姓最早迁入地"作为策划出发点，发展新的畲族乐活观光游，打造吉祥如意村寨。
金坵村	金坵村是环敕木山省级风情旅游度假区"十大畲寨"中的"喜寨"，是蓝姓畲民入浙最早的发祥地。村内拥有蓝氏宗祠、夏氏和潘氏古宅等古建筑。结合该村现有的资源和旅游开发基础，该村旅游规划以畲族婚庆文化为策划出发点，打造具有娱乐性和体验性的畲族婚俗体验园。

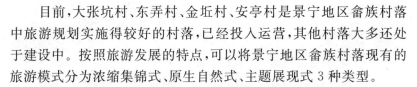

目前,大张坑村、东弄村、金坵村、安亭村是景宁地区畲族村落中旅游规划实施得较好的村落,已经投入运营,其他村落大多还处于建设中。按照旅游发展的特点,可以将景宁地区畲族村落现有的旅游模式分为浓缩集锦式、原生自然式、主题展现式3种类型。

(一)浓缩集锦式

东弄村的东弄田园综合体是目前景宁地区畲族传统村落中发展较好的旅游项目,一期项目建于东弄村老村所在的山脚下,以畲族文化传承为旅游发展的核心,形成集农事体验、畲族风情体验、研学、文创、特色餐饮、精品民宿等多种业态于一体的综合性旅游景区,满足游客吃、住、行、游、购、娱等多方面的需求(见图7-31)。东弄田园综合体将畲族文化精华浓缩、汇聚于旅游景区的景点和活动中,方便游客在游玩中快速领略畲族的风土人情,在这里游客可以一站式体验畲族体育竞技、畲乡茶文化、畲族"非遗"手工、畲乡小吃等,东弄田园综合体已成为景宁县对外集中展示畲寨田园风貌和民族文化的重要窗口。东弄村中的"畲族民族文创馆"是景宁首个以畲族文创为主题的文创产品展示馆,占地约570平方米,馆内藏品200余件,是集畲族古物、畲族文创产品展示和特色研学于一体的综合型乡村民族博物馆。文创产品从畲族服饰纹样和竹编斗笠等实物中提取色彩和文化符号元素,抽象重构后应用于卡通挂件、办公用品、茶具、家纺、服饰等文创产品中,让畲族文化走进日常生活、融入生活,更好地传播畲族文化,弘扬民族文化(见图7-32)。近年来,东弄田园综合体园内围绕畲族风情体验、"非遗"体验、文创品开发、研学教育和公益培训等内容举办了丰富多彩的活动,在畲乡打造了乡村振兴的发展新模式,让旅游红利惠及乡村地区的居民,在一定程度上带动了乡村经济的发展。但在这种旅游发展模式下,为了迎合游客的喜好,一些旅游项目中对畲族文化进行了一定程度的加工,以增强节目的展示性和表演性,在这个过程中一些畲族民俗文化可能会失去原真性,导致畲族文化内涵不能得到完整的表达。

(a) 东弄田园综合体寨门

(b) 东弄田园综合体实景

(c) 农耕馆   (d) 畲绣馆

图 7-31 东弄田园综合体景观

(a) 床上用品

(b) 茶具

(c) IP蓝牙音箱

(d) 创意摆件

图 7-32 畲族民族文创馆中的展品

与东弄综合体紧挨着的东弄村老村是景宁地区畲族人文历史保存较完好、规模较大的畲族古村,有着较高的历史价值和民族研究价值。2017 年,依托东弄畲家田园综合体项目,东弄村村集体将老村房屋、土地等资源资产打包参股综合体项目运营管理,村民们从山上的老村搬到山下的新村中。目前,东弄村老村落的格局和建筑肌理基本保存完整,但由于缺乏日常修缮,不少有价值的民居建筑构件逐渐破损,面临着凋敝和坍塌的危险,维护和修复工作迫在眉睫。"搬出旧村,迁入新村"对于改善村民的生活,提升居住环境,是最行之有效的方式,但对畲族传统村落而言,无疑是对其中的历史文化遗存和整体风貌的一次重创。东弄村老村由于没有得到及时的整体保护，物质文化景观和非物质文化景观遭到了严重破坏，其村落风貌原真性、完整性、连续性逐渐衰微而走向消亡，而这些在新建的畲族新村中是无法复刻的。从长远的角度来看，完全脱离传统畲族村落这块沃土，新建的东弄田园综合体发展模式对畲族原真性的文化精髓是否能够得到有效的传承和对未来畲族传统村落发展的可持续性还有待验证。

笔者认为，东弄村是离景宁县城较近的畲族传统村落，相对景宁地区其他畲族传统村落，地理交通较为优越。对于这样有着较高民族价值的景宁地区畲族传统村落旅游的更新发展，可以采用"旧村保护结合旅游商业区"的开发模式。一方面，将旧村作为畲族文化核心保护区，对旧村以最低干预原则进行整体保护和修缮，以保留村落的原真性和景观基因的完整性，使之成为畲族文化的活态博物馆。另一方面，旅游商业区将畲族民族文化进行浓缩汇集展示给游客，同时为游客提供吃、住、游、购等多方面的业态服务，这种"新旧并存"的村落旅游开发模式将更有助于满足村民和游客多方面的需求，从而促进村落的保护与更新。

（二）原生自然式

安亭上寮自然村位于安亭自然村后的半山腰间，是一个纯正的"雷家"畲族村，有着深厚的畲族文化底蕴和浓厚的畲族文化氛围。其旅游发展特色在于以原生自然的方式向游客呈现畲族村民的日常生产生活、民俗乡情、村落原生态的风貌，上寮村将畲族古民居打造成畲族文化的活态博物馆，包括古畲织、古畲饰、祖担馆、农耕馆、耕读堂、畲武馆、畲味馆、畲艺馆等"畲十古"展厅，让游客能自然地与当地村民交流，在真实的情境中感受畲族文化的魅力（见图 7-33）。其中，祖担馆是比较有特色的博物馆，是由上寮村 39 号民居改造而成，民居始建于 100 多年前，具体时间不详，据村支部书记雷石根介绍该民居是村内最古老的民居。祖担馆里面陈列的老物件都是由畲族村民自发捐赠和征集的祖辈留存下来的物品,包括农耕械具、生活物品、竹编、石具、木器等,这里成了追寻安亭畲族历史文脉的活态展示馆。"奏名学法"是一项濒临失传的畲族文化仪式,在安亭村上寮自然村被完整地保留和传承下来,也成了村中一项特色的旅游资源。每年的农历七月初三,安亭村会举办隆重的"奏名学法"节活动,以延续这项民风民俗。

(a) 奏名学法堂　　　　　　　　(b) 耕读堂

(c) 祖担馆　　　　　　　　(d) 畲武馆

图 7-33　安亭村畲族文化展馆

原生自然式的旅游发展模式以村落的自然风貌和村民的自然生产生活、民风民俗等作为旅游内容，民族文化景观基因得到完整的保留，能给游客带来身临其境的民族文化体验感，总体投资较少。目前，交通是一个制约安亭村旅游发展的重要问题，安亭村地理环境偏僻，距离镇政府路程约25公里，距景宁县城约40公里，盘山公路崎岖难行，道路时常发生落石危险。每日通往村里的公交班车仅有两趟，给旅游出行带来了极大的不便，导致旅游人气不高。特色的"畲十古"展厅、奏名学法堂大多时候处于闲置，没有充分发挥对外文化窗口的功能。此外，该村人口空心化问题严峻，能够胜任旅游接待的村民较少，缺乏旅游讲解和管理方面的人才，村内的旅游业态和形式也较为单一，这些都是制约该模式发展的突出问题。

（三）主题表现式

环敕木山省级风情旅游度假区"十大畲寨"的旅游特色主要依托村落的文化景观基因，结合特色主题的营造来体现。其中，大张坑村和金坵村的整体旅游运营情况相对较好。"红寨"大张坑村有着悠久的红色革命传统，是个有着深厚红色资源的"忠勇红寨"，在革命战争年代村里涌现了大量英雄和烈士，立下了赫赫战功。为挖掘、传承、发扬畲族的"忠勇精神"，2019年大张坑村兴建了畲族革命历史展览馆，陈列着景宁畲族革命简史、忠勇精神由来、大张坑革命事迹、忠勇烈士事迹等一系列畲族革命历史，全面展示了世代畲民传承"忠勇精神"及自强不息的红色革命基因（见图7-34）。近年来，大张坑村以红色文化旅游为主题特色，不断挖掘"畲族忠勇精神"，全力推动"畲家红寨农家乐综合体"创建工作，同时积极引入教育机构，发展研学旅游产业，努力打造弘扬践行浙西南革命精神的现场教育研学基地。而"喜寨"金坵村是以畲族婚俗作为旅游特色主题,结合玫瑰花海、彩虹滑道和"淘金之旅"等旅游项目共同打造具有娱乐性和体验性的畲族婚俗体验园。目前,大张坑村和金圻村中的旅游业态主要有农家乐、民宿,业态发展还不够成熟,其类型和规模还有待进一步的升级,需进一步完善接待住宿、餐饮、纪念品商店等公共旅游设施,以提升游客体验感、舒适度和满意度。

(a) 畲族革命历史展览馆建筑　　　　　　(b) 物件展示

(c) 畲族革命人物介绍

图 7-34　大张坑村畲族革命历史展览馆实景

二、景宁地区畲族传统村落旅游发展面临的主要问题

(一)交通可达性滞后,基础设施不完善

景宁地区畲族传统村落大多属于"九山半水半分田"的典型山地村落,村落大多位于位置偏远的山区,地理环境封闭,地形复杂,外部道路盘山绕行,路面较窄、路况差,旅游车辆通行不便,有些路段只能容纳轿车单向通行,旅游大巴通行困难。由此可见,交通可达性滞后给畲族村落的旅游发展带来了很大的障碍。目前调研的发展旅游业的景宁地区畲族村落大多数基础设施还不完善,仍处于发展阶段,缺乏与旅游相应配套的服务和业态,不能给游客带来良好的旅游体验感,使得游客的停留性弱,对当地文化资源的认知浅尝辄止。

(二)资源开发受限,产业发展路径需要合理规划

景宁地区畲族传统村落的生态环境是其旅游业发展的重要依托和基础支撑,畲族文化则是其发展旅游产业的核心竞争力。同时,景宁地区畲族传统村落旅游业的发展又受自然环境和畲族文化保护方面的制约,在资源开发上受到一定程度的限制。景宁地区畲族传统村落所处的山地自然环境的地质、地貌条件较为复杂,生态环境相对脆弱,同时处于弱势的少数民族文化容易受到外来文化的干扰。旅游资源的不合理开发容易造成环境承载压力过大,导致山地村落自然环境生态失衡和畲族文化进一步衰败。除了旅游业、传统农业外,景宁地区畲族传统村落的产业需要多元化发展,规划合理的产业发展路径。如何平衡自然生态环境、保护传统畲族文化与实现产业可持续发展的关系是一项长期任务。

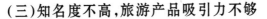

(三)知名度不高,旅游产品吸引力不够

景宁地区畲族传统村落的旅游知名度较低,缺乏有效的品牌推广和市场宣传,营销手段较为传统和保守,游客了解的途径和选择的机会有限。同时,目前景宁地区畲族传统村落间的旅游产品缺乏吸引力和竞争力,在类型、内容和形式上缺乏创新,以静态展示和观光为主,难以让外来游客形成愉悦的感官体验,沉浸其中探索畲族文化内涵,从而获得良好的文化体验和认同感。

(四)人口空心化、老龄化问题严峻

景宁地区畲族传统村落人口空心化、老龄化的问题严峻,由于村中缺乏产业,村民都倾向于外出经商或务工,人口外流问题非常严重,村中常住人口多为60岁以上的老年人。景宁地区畲族传统村落的旅游业发展需要专业人才的支持和整体管理、运营能力的提升。旅游讲解、管理等方面的专业人才缺乏,无疑对村落的旅游业发展和运营产生了很大程度的制约。

三、景宁地区传统畲族村落旅游发展策略

(一)整合旅游资源,倡导全域旅游模式

"全域旅游"是在国务院发布《关于加快发展旅游业的意见》后提出的新概念,是一种旅游要素配备完善、能满足游客体验需求的综合性、开放式旅游目的地。2021年,景宁县政府印发《加快全域旅游高质量发展的若干意见》,其是该县在政策层面上的首个指导性文件。此后,景宁县通过不断健全体制机制、加强扶持政策、加快项目建设和推进产业融合等举措,在全域旅游高质量发展建设工作中取得阶段性成果,并入选"2023年全国县域旅游综合实力百强县"名单,建成1个5A景区城、18个A级景区镇和122个景区村,形成了"产城融合、人城融合、景城融合、村景融合"

的全域旅游发展格局。景宁县的地理区位和生态优势突出,已具备了全面发展全域旅游的关键性条件。对于景宁地区传统畲族村落来说,更应该主动出击、抓住机遇,积极探索融入全域旅游的发展路径。

景宁地区传统畲族村落的旅游发展可依托周边的旅游资源,通过合作与共享的方式,以村落畲族文化景观基因为特色资源,推动与周边地区旅游资源的共建共享,形成区域旅游联动发展,共同促进景宁地区畲族村落旅游业的发展。这种全域旅游的模式可以在一定程度上打破景宁地区畲族村落环境封闭、资源开发受限的壁垒。融合村落畲族特色文化景观基因,在旅游资源、旅游业态、旅游产品、旅游服务等方面与周边其他旅游景区形成差异化发展,实现全域旅游资源和产业的互补,呈现整体联动发展的态势。这种模式既丰富了旅游市场供给,也促进了景宁地区畲族传统村落文化景观基因的保护与传承、基础设施的完善、生态资源的合理开发及特色景观的营造。同时,全域旅游模式也可以带动景宁地区畲族传统村落旅游业与传统产业及其他新兴产业的深度融合与聚变,促进乡村经济的全面发展。

全域旅游中应注意改善村落的交通状况,打造特色交通体系。改善村落外部交通路况,依托周边旅游景区资源,合理设置游憩点、服务驿站,有效串联畲族村落和旅游区景点,让外部旅游线路长度适中、节奏合理化,减少长距离的崎岖山路给游客带来的负面体验感。同时,完善旅游区域内村落和其他景区间到达、接驳、换乘交通,形成高效便捷的旅游交通环线。在旅游区域范围内统筹规划旅游便捷交通服务体系,包括骑行、步行、公交、自驾等,以满足游客多样化的出行要求。结合畲族村落的山水格局,打造特色交通体系,如设置观光性强的山地休闲特色步行绿道;或结合景点位置,规划多条特色山地骑行线路,定期举办山地自行车相关赛事。

(二)打造畲族村落文旅 IP,树立优质旅游品牌形象

IP(intellectual property)设计是指以知识产权为核心的设计创新活动。随着文化产业的快速发展,文化 IP 已经渗入各个领域,其中旅游业也在不断地与文化 IP 相融合。如今,文化 IP 已经成为文旅产业的重要驱动力,为行业带来了新的商业模式和创新形态。传统村落文旅 IP 可以通过对传统村落的自然生态资源、独特的历史文化、传统手工艺、民俗乡情、村落风貌等文化基因元素的挖掘和提炼,创作出独具本村特色和强烈认同感的形象认知物。后续将文化 IP 融入传统村落的文旅策划和设计中,可以帮助村落树立良好的旅游品牌形象,对传承村落乡土文化,优化、重塑乡村产业结构,提升乡村经济有着重要的推动作用。

景宁地区畲族传统村落有着丰富的非物质文化景观和各自的资源特色,通过目标客群市场的选择与定位,有效融合畲族村落的文化景观基因,设计生动的、具有人格魅力的特色 IP 形象,使旅游品牌深入人心。基于村落强 IP 品牌形象,利用互联网平台、社交新媒体、传统媒体等多种渠道和平台对畲族村落进行宣传推广,以提高村落的知名度和影响力。如建立畲族传统村落官方网站,围绕村落 IP 故事,呈现村落的自然风光、畲族文化特色、旅游产品等内容。通过微博、微信、抖音、小红书等社交媒体平台,发布村落 IP 的图片、视频、故事等内容,宣传畲族传统村落的美景、文化和旅游资源,吸引用户关注和分享,以获得更多流量。此外,还可以与电视节目、影视节目等传统媒体合作,通过融合 IP 故事的节目和影视吸引更多观众的兴趣。同时,运用创意手段对村落特色 IP 进行产品多元开发,以形成产业化和商圈化。企业可以将村落 IP 延伸至旅游产业链中,融入音乐、影视、动漫、游戏、商品、

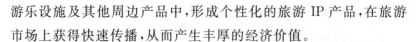

游乐设施及其他周边产品中,形成个性化的旅游 IP 产品,在旅游市场上获得快速传播,从而产生丰厚的经济价值。

周湖村是环敕木山省级风情旅游度假区"十大畲寨"中的"食寨",村落以畲族传统饮食文化为核心,发展旅游餐饮。蓝儿以及她的宠物精灵小凤凰是为周湖村设计的 IP 形象(见图 7-35)。IP 人物蓝儿设定为畲族美食爱好者,特别喜爱乌米饭。她性格聪慧活泼,头戴凤凰纹凤冠和身着畲族特色服饰,服饰整体配色以畲族传统服饰蓝、黑为主。她的宠物精灵小凤凰是畲族美食的烹饪师,形象可爱、呆萌。这些融合了畲族村落文化景观基因设计的IP 形象容易与游客产生情感的互动与共鸣,能成功地塑造周湖村文旅强 IP 品牌形象。同时,通过 IP 系列衍生产品的开发和营销,能创造出可观的经济价值(见图 7-36)。

基于"文化景观基因资源挖掘—文化基因 IP 符号化—媒体宣传与推广—文化产业化—文化商圈化—文化创意社区化"的乡村旅游营造模式,景宁地区畲族传统村落可以通过不断被扩大和共享的 IP 文化形象、媒体宣传、文化产业商圈效用以及公众反哺力,营造出一个内外共同参与、充满文化氛围的文化创意乡村社区。

(三)"三位一体"政府主导式农文旅＋产业的深度融合

旅游是激活乡村经济发展的动能,不仅能改善乡村经济结构和促进乡村景观更新,还能带动乡村政治、文化、社会的全面协调发展。产业融合,是实现乡村旅游高质量发展的有效途径之一。在较早发展乡村旅游的欧美及其他发达国家,已经探索出了以农业、旅游业为主导的两大产业融合模式,如以农业为主导的休闲农业(如英国、德国、意大利、法国)和都市农业(如日本),而以旅游业为主导融合其他产业的模式更为多样,表现在融合农林牧渔业、文化产业、服务业等方面。

图 7-35　周湖村 IP 人物——蓝儿

（黄赫曦绘制）

(a) IP人物插画设计

(b) IP人物迷你插画设计

(c) IP在包装设计中的应用

(d) IP在文创周边中的应用

图 7-36　IP 衍生品设计与应用(黄赫曦绘制)

在乡村振兴战略的指引下,我国乡村积极探索"以旅游促进乡村产业融合"的发展模式。自 2015 年印发《国务院办公厅关于推进农村一二三产业融合发展的指导意见》后,政府又刊发了一系列关于农村产业融合的通知和意见(见表 7-4),详细阐释了农村产业融合的内涵、途径和关键问题,并给出了具有指导性的意见。近年来,"农文旅融合"成为我国乡村产业发展的热点话题,在乡村振兴中的催化效果也愈发明显,全国各地的乡村都在积极探索产业的融合路径和发展模式,并取得了显著成效。简单来说,"农文旅融合"是一种将乡村一二三产业有机融合的有效途径,是通过产业融合的方式协调乡村经济、社会、文化、人才、组织发展的模式。

景宁地区畲族传统村落多建于生态环境优良的地带,拥有良好的空气、水源及土壤,具有发展绿色有机高山生态农业所需的优质基底。在绿水青山这一优渥的生态环境里,畲族逐渐形成了纯朴的民风、独特的民俗和文化,并将这些特质与自然有机融合,其表现出的"文化景观"具有强烈的地域性和民族性,也是畲族文化的内核所在。目前,景宁地区畲族传统村落农文旅融合发展还处于摸索阶段,旅游产品缺乏创新、缺少精品,业态上还不够丰富,难以满足日渐多样化的旅游需求。因此,景宁地区畲族传统村落应紧扣"农文旅融合"发展主题,整合乡村景观资源,在旅游产业和业态上精耕细作,融合农村一二三产业,走出了一条"一村一品"可持续发展的道路。

表 7-4 农村产业融合的相关政策文件

文件名	时间	相关内容
《农业农村部关于开展休闲农业和乡村旅游升级行动的通知》	2018	休闲农业和乡村旅游是农业旅游文化"三位一体"、生产生活生态同步改善、农村一产二产三产深度融合的新产业新业态新模式。
《关于促进乡村产业振兴的指导意见》	2019	产业兴旺是乡村振兴的重要基础,是解决农村一切问题的前提。乡村产业根植于县域,以农业农村资源为依托,以农民为主体,以农村一二三产业融合发展为路径,地域特色鲜明、创新创业活跃、业态类型丰富、利益联结紧密,是提升农业、繁荣农村、富裕农民的产业。
《全面推进乡村振兴加快农业农村现代化的意见》	2021	构建现代乡村产业体系。依托乡村特色优势资源,打造农业全产业链,把产业链主体留在县城,让农民更多分享产业增值收益。加快健全现代农业全产业链标准体系,推动新型农业经营主体按标准生产,培育农业龙头企业标准"领跑者"。立足县域布局特色农产品产地初加工和精深加工,建设现代农业产业园、农业产业强镇、优势特色产业集群。推进公益性农产品市场和农产品流通骨干网络建设。开发休闲农业和乡村旅游精品线路,完善配套设施。推进农村一二三产业融合发展示范园和科技示范园区建设。
《中华人民共和国乡村振兴促进法》	2021	各级人民政府应当坚持以农民为主体,以乡村优势特色资源为依托,支持、促进农村一二三产业融合发展,推动建立现代农业产业体系、生产体系和经营体系,推进数字乡村建设,培育新产业、新业态、新模式和新型农业经营主体,促进小农户和现代农业发展有机衔接。
《关于推动文化产业赋能乡村振兴的意见》	2022	以文化产业赋能乡村人文资源和自然资源保护利用,促进一二三产业融合发展,贯通产加销、融合农文旅,传承发展农耕文明,激发优秀传统乡土文化活力,助力实现乡村产业兴旺、生态宜居、乡风文明、治理有效、生活富裕,为全面推进乡村振兴、加快农业农村现代化作出积极贡献。

"三位一体"政府主导式农文旅＋产业的模式,是指在乡村振兴战略政策的引领下,景宁地区畲族传统村落以绿色农业为乡村底蕴、畲族文化为内核、乡村旅游为驱动引擎,融合特色产业为创新来源,通过政府宏观把控、社会力量助力、村民自发行动,形成"政府＋社会＋村民"的乡村共同体,合力促进乡村产业深度融合的旅游发展模式。在宏观层面上,政府对景宁地区畲族传统村落的旅游更新进行整体把控,出资修缮民居、环境整治、文物保护等抢救性工作。"修旧如旧"和"最低干预"分别是建筑修复和村落更新的指导性原则,一方面传承好传统建筑的特征和文化,另一方面守护住乡土景观元素和村落风貌。尊重村落原有的形态和空间关系、巷道布局特征和尺寸规律、建筑特征形式和材料等,对历史建筑和村落肌理进行修复和保护,保留村落的历史记忆和完整的风貌。村落更新以提升乡村人居环境、旅游接待能力为目标,对村落内的路灯、栏杆、石阶、公厕、停车场等村民生活和旅游基础设施进行提升改造,以改善村民生活质量和满足村落旅游发展的需要。根据长三角地区的旅游消费水平和客群特征,对畲族村落旅游发展进行精准的市场定位,政府通过招商引资的优惠政策吸引社会力量投资,形成村落特色业态和产业,一方面盘活闲置的民居和带动村民就业,另一方面通过专业团队的入驻解决传统农家乐类型无法标准化导致服务水平良莠不齐的问题,丰富和提升游客的旅游消费体验感。针对客群特点,增加体验型旅游产品,丰富旅游产品的形式。旅游业的发展需要从旅游产品的供求关系方面入手,一方面通过对畲族传统村落景观基因进行充分挖掘,开发符合市场需求的具有品质感和体验感的特色旅游产品,以提升游客体验感和吸引力。另一方面,针对旅游人群的需求,对食、宿、行、游、娱、购旅游业态进行创新和升级,如融入畲族文化景观基因元素的主题精品民宿、乡村酒吧、咖啡馆、特色餐饮、美术馆、文创馆等，以提升游客的满意度和体验感。村民对畲族传统农耕文化和乡土文化进行复兴，以"留住乡愁"为策略，传承发扬当地畲族传统文化、民俗活动，使之成为村落乡村旅游的一大特色和亮点。

在农业上大力发展毛竹、食用菌、畲药、茶叶、高山蔬菜、水果等特色绿色农业产业，发展农业观光、休闲采摘、农事体验等旅游产品。借助旅游业发展的强劲驱动力，促进畲族村落特色农产品品牌和生态链的形成，实现农产品从"自给自足"的作物到"自产自销"商品的转化，以满足强大的旅游消费需求。在文化方面，以村落畲族文化的传承创新为特色，开发畲族传统文化体验型旅游产品，将文化遗产资源转化为文化产业资源，充分地融入旅游产品中，丰富旅游产品的形式。如开展传统手工艺制作、民俗表演、传统美食制作、畲族文化研学等反映地方生产、生活特色的习俗活动和文化体验项目，让游客沉浸于畲族传统村落的文化氛围中，获得更为广阔、深刻的传统畲族文化的体验。以畲族木雕、服饰、彩带等为重点，以实用化、艺术化、时尚化为方向，发展畲族村落传统工艺品文化创意产业，以形成新的经济增长点。在蝴蝶效应下，实现村落的农业种植、采摘体验、农事节庆、民俗体验、文创体验、研学活动等多种业态、产业不断的融合提升，促进村落旅游业高水平、可持续的发展。

第八章

结论与展望

在城市化、现代化及旅游业发展的影响下，景宁地区畲族传统村落的民族文化和村落景观面临着外界环境变化带来的巨大的冲击，人口外流、空心化、村落凋敝等现象屡见不鲜。自乡村振兴战略提出后，我国各地掀起了乡村建设的热潮，景宁地区畲族传统村落在人居环境提升、生态环境治理、乡村风貌整治、乡村文化建设等方面得到了较大程度的改善。但由于缺乏科学的指导和系统的管理，部分村落已在一定程度上出现无序更新、保护滞后的现象，畲族传统村落的整体风貌、民族文化特色遭受了一定程度的破坏。在旅游业迅速发展、村民生活需求转变的新时代的背景下，畲族传统村落的保护与现代更新的矛盾日益凸显。

景宁地区畲族传统村落历史悠久、民族文化丰厚、遗存完整，是珍贵的少数民族文化的重要载体，具有历史、文化、艺术、经济、社会等重要价值。畲族传统村落景观营建与本民族文化的融合发展能有效激发村落发展的内生动力，确保村落的保护与更新可持续发展，进一步促进民族区域社会和经济的繁荣发展。

第一节　结　论

文化景观基因的活化传承是景宁地区畲族传统村落地域文化存续和发展的关键点。本书采用文献查阅法、田野调查法、归纳对比法、学科交叉法等方法，对景宁地区畲族传统村落景观基因进行识别、提取、归类，构建景观基因信息库，解析景观表征背后的文化内涵。同时，对景观基因流变进行分析，开展了相关设计实践活动，以探索景观基因转译的路径和保护传承的方法。此外，本书针对目前景宁地区发展旅游业的畲族村落的现状及其形成原因进行分析，提出文化景观基因视角下畲族村落旅游发展的策略。主要成果内容和结论如下。

一、构建景宁地区畲族传统村落景观基因信息库和景观基因图谱

景观基因信息库及景观基因图谱的构建，能全面、系统地研究景观基因的构成和表达，同时又能逆向溯源准确地把握景观基因的文化内涵，是研究传统村落景观外在表征和内在文化的有效方法之一。景观基因一般分为物质景观基因与非物质景观基因两种类型。物质景观基因集中反映在聚落中，包括村落的布局形态、民居特征、公共建筑、标志性环境等方面。非物质景观基因以文化艺术、饮食、民俗、信仰等为主要识别对象。在田野调研、文献查阅的资料整理基础上，本书从宏观、中观、微观 3 个层面提出景宁地区畲族传统村落景观基因识别体系。对景宁地区畲族传统村落景观基因的提取遵循"内在、外在、局部"唯一性原则和总体优势性原则。本书运用类型学、符号学等原理对景宁地区畲族

传统村落进行识别,结合元素提取法、图案提取法、结构提取法、含义提取法等方法进行景观基因提取。对景宁地区畲族传统村落景观基因信息进行了分析和梳理,构建景宁地区畲族传统村落物质文化和非物质文化景观基因信息库,厘清了景宁地区畲族传统聚落文化景观的整体脉络,进一步剖析景宁地区畲族传统聚落的文化景观外在表征隐藏的文化内涵。以景观基因图谱为理论依据,通过"胞—链—形"结构的转换,通过二维和三维图谱方法对景宁地区畲族传统村落物质景观基因进行图示化表达,构建了3种类型的物质景观基因图谱,解析景宁地区传统畲族文化景观基因的内在肌理和排列结构、空间格局及形成规律,具体结论如下:在景观基因的"胞"元素方面,一字形布局、带拢式双坡悬山屋顶、对称二层式屋脸、石基黄墙、灰瓦、凤凰图腾是景宁地区畲族传统村落民居建筑最为显著的特征;在景观基因"链"元素方面,景宁地区畲族传统村落的景观基因"链"的结构、形态和尺度受地理环境影响较大,主要表现为鱼骨形和藤蔓形,景观基因"链"强调信息传达的可达性、便捷性与灵活性是其最为显著的特征;在景观基因"形"元素方面,景宁地区畲族传统村落的"形"具有多样性,主要表现为条带状、团块状、散点组团状,"两山夹一水"的地理环境基底是景观基因"形"特征形成的一个重要原因,与族群在长期人地关系中形成的文化,共同决定了村落景观基因"形"的特征表现。

二、提出景观基因保护的原则和方法

景宁地区畲族传统村落的文化景观是景观基因经历了长期历史演变形成的。就整体而言,流变后的景宁地区畲族传统村落文化景观基因仍具有一定的稳定性,其原真性、民族特性依然清晰。由于长期和汉族杂居生活，景宁地区畲族传统村落的畲族文化与汉族文化呈现出文化共融的特征和趋势，同时又保留着自身典型性和地域性的民族特征。随着村民生活方式和需求的转变、旅游业的快速发展及外来文化的影响，景宁地区畲族传统村落的景观基因表现出新时期下的流变特征。一是物质文化景观基因流变主要表现为现代建筑材料的应用以及建筑结构、形态的改变。畲族村民最初用于生产、生活、祭祀的实用性建筑、工具等逐渐转变为具有文化审美的文化旅游景观资源，如水碓房、石碓、宗祠和农具等。二是非物质文化景观基因流变主要表现为畲族文化艺术、畲族风俗等趋于表演化，部分民间留存的非物质文化景观基因出现了衰退的倾向。

为此，本书提出景宁地区畲族传统村落景观基因保护的原则和方法。景宁地区畲族传统村落景观基因的保护应遵循整体性、原真性、可持续性的原则。物质文化景观基因保护路径，即村落选址布局、环境景观、建筑景观以尊重村落自然风貌为基础，通过科学管控治理以最大限度地控制其生长机理，达到与村落整体风貌、周边自然环境相融合的目的。在非物质文化景观基因保护路径方面，主要以教育作为重要抓手，以提高畲族民众的文化自信为目标，充分挖掘畲族文化的内涵，培育非物质文化的民间生存环境，活化非物质文化的展现形式，以促进非物质文化的活化传承。

三、景观基因转译的方法

传承和发展少数民族文化是当代人义不容辞的责任和使命。景宁地区畲族传统村落蕴含着丰富的物质和非物质文化，在长期的历史发展进程中畲族文化衍生出众多具有畲族特色和审美价值的艺术形式,它们充分体现了畲族的民族特色和文化内涵,具有独特的审美特征,如畲族传统服饰上朴实、生动的刺绣图案、畲族彩带上神秘的意符文字、与自然共生的建筑景观和具有本民族特色的民俗文化等,这些畲族文化景观基因都可以成为畲族地区景观设计中的设计元素。

景观基因转译是将畲族典型的文化景观基因提取并符号化,以合适的形式在畲族传统文化与景观营建中搭建起桥梁,让传统畲族文化在景观营造中得到有效的表达和延续,进一步弘扬畲族传统文化和推动畲族村落文化的振兴。本书提出了景观基因转译需遵循5条基本原则:(1)尊重自然,延续乡村肌理;(2)尊重历史文脉,强化地域特色;(3)创新表现形式与方法;(4)兼具艺术性与实用性;(5)增强村民的认同感和归属感。在此基础上,本书提出了景观基因转译的具体方法:(1)文化景观基因的提取与筛选,从具有鲜明的畲族特色、认同感高的畲族传统建筑、服饰、图腾等文化元素中提取、筛选可展示性强的文化景观基因;(2)文化景观基因的融合,采用元素因借、元素重构、简化抽象、物化创新等方式对文化景观基因进行艺术处理,即景观基因符号化的转换过程;(3)结合农业、植物、铺装、公共艺术、构筑物、视觉导视、建筑等景观设计案例,分析景观基因与景观营建相融合的具体方法和路径。

四、提出景观基因视角下景宁地区传统畲族村落旅游发展的策略

浓缩集锦式、原地自然式、主题展现式是目前景宁地区畲族村落发展畲族文化主题旅游的3种主要发展模式。本书针对目前景宁地区畲族村落旅游发展的现状问题,提出了景观基因视角

下的畲族村落旅游发展策略：(1)整合旅游资源，倡导全域旅游模式；(2)打造畲寨文旅 IP，树立优质旅游品牌形象，以促进宣传和推广，提高知名度；(3)"三位一体"政府主导式的农文旅＋产业的深度融合，增加体验型旅游产品，丰富旅游产品的形式。通过这些策略加强畲族传统村落的旅游建设，科学有序地利用、开发民族文化，将村落独特的历史文化资源转化为丰富多彩的旅游产品，增强畲族文化的旅游活力，充分发挥其历史、教育、审美、文化、艺术等价值和作用，促进少数民族文化休闲旅游的发展。

第二节　乡土景观营建与文化传承融合发展的保障对策

在农耕文化、宗族文化、民俗信仰文化的共同作用下，景宁地区畲族形成了注重"天、地、人"三大核心要素和谐发展的畲族文化特质，在景宁山区独特的环境基底上，各个文化景观单元有机组合形成一个完整的、有机的、具有畲族特性的文化生态系统，客观真实地反映了村落的时代特征，其鲜明的畲族特性理应得到重视。随着我国乡村振兴战略的推进，为了进一步推动景宁地区畲族传统村落的有机更新，让村落乡土景观营建与文化基因传承融合发展，需要进一步健全政策法规、加大资金支持、推进科技支撑和完善人才保障机制。

一、政策调控

进一步完善法律法规和政策保障体系。政府相关部门应制定专门的法律法规，为景宁地区畲族传统村落的有机更新提供政策保障，加大对破坏村落文化遗产违法行为的惩治力度，加强对畲族非物质文化遗产项目的保护力度。相关规划建设部门应编制详细的村落保护与更新规划,明确保护范围、保护对象、保护措施,让传统村落的更新管理有章可循,有法可依,对村落建设项目进行严格审批,确保村落整体风貌不受破坏。同时,政府部门可通过制定财政扶持政策、税收优惠政策等,为村民提供一定的经济补偿和扶持,鼓励他们积极参与村落的保护和更新工作。监管部门定期对村落的更新、保护工作进行评估和检查,了解工作进展和存在的问题,及时调整和改进保护策略,最大程度上保障畲族传统村落在保护、更新过程中的景观基因得以延续。

二、资金投入

景宁地区畲族传统村落的有机更新是一项需要大量资金投入的项目。资金的筹集需要多方合作,通过政府资金支持、社会资金支持等多种途径,共同为传统村落的保护和更新工作提供资金保障。政府可设置专项资金和资金补助用于传统建筑的修缮和保护、物质文化遗产保护、非物质文化遗产保护、村落基础设施完善和公共环境整治等方面。同时,引入社会资金,通过地方优惠政策吸引社会资本,鼓励社会捐赠和赞助、投资、入股、租赁等形式参与民族村落保护和利用工作。

三、科技支撑

数字化信息技术的开发和应用可以在很大程度上丰富和拓展畲族传统民族村落的保护思路与方法,为后续畲族村落物质文化景观基因的保护、研究、开发发挥重要的作用。如虚拟现实技术和三维扫描技术可以实现乡村景观的数字化复原,让传统村落风貌得以永久性地保存,这对景宁地区畲族村落景观的保护、修复、展示等方面有着极其重要的意义。结合互联网平台，打破时空的限制，数字化复原技术能为更多的人提供一种全新的畲乡沉浸式的游览体验，增强人与景观间的交互体验，使得景观空间更具有感染力、冲击力和互动性。加强数字化技术的应用，将对畲族传统村落的文化宣传和旅游开发起着重要推动作用。

四、人才保障

人才保障是畲族村落乡土景观科学保护和更新的关键因素，可通过构筑乡村共同体来实现，即由政府、村落居民、乡村精英、企业等多方参与的利益共同体，对乡村景观建设项目进行调节、参与、监督、反馈，共同推动传统村落的科学保护和利用。畲族村落景观营建和文化保护涉及建筑学、社会学、经济学、民俗学、民族学、地理学、艺术学等多种学科，需要集合相关领域的专家组建团队，共同参与村内项目建设的决策，研究村落乡土景观保护与更新的具体措施，协同地方相关职能部门做好现场技术指导工作。

在乡村有机更新建设中，应充分发挥村民民主参与、决策、监督的主体作用，充分调动村民的主观能动性。从村民中培养、选拔乡村规划师，负责宣传村落规划建设的法律法规，协助相关职能部门做好村落的保护和建设。加强村落畲族文化教育与宣传，有效提高畲族村民的文化素质，增强他们的民族自信，是实现人才保障的重要途径。积极培养村民艺术家、"非遗"传承人、传统营建工匠，修复村落文化生态，鼓励传统艺人深入挖掘本民族文化，通过创新和创作，推动本民族文化艺术的传承和发展，为少数民族文化注入新的生命力。鼓励畲族传统村落组织和开展各项文化宣传活动，让村民理解和接受本民族优秀的传统文化，提高他们的文化素质和民族认同感，推动民间少数民族文化的传承和发展。此外,景宁畲族地区中小学的民族文化教育是人才培养工作的重点,让青少年从小打好畲族文化的根基,成为未来畲族文化传承的后备力量。

第三节　展　望

景观基因在畲族传统村落的研究方面前景广阔。由于课题研究时间、精力及经费方面的限制,本书主要针对景宁地区畲族传统村落实地调研数据和资料进行定性分析和应用研究。传统畲族村落景观基因相关理论的研究和实践尚有很大的研究空间,还有待进一步完善和更新,在后续工作中可增加其他畲族地区具有代表性的畲族传统村落调查样点进行系统研究和比较。文化是一个不断发展的生命体,畲族在长期的迁徙历史过程当中必然有新的文化元素的加入,以适应新的迁徙环境。后续的研究可根据畲族的迁徙路线,对国内各畲族地区传统畲族村落的景观基因进行识别,构建地方畲族传统村落景观基因库和基因图谱,并对其景观因子进行比较:(1)对于在迁徙过程中缺失的景观基因可采用对比法进行补充编码;(2)辩证地看待不同省域畲族景观基因的流变,把握关键因子,对于流变中失活的景观基因进行修复,对于流变中不属于畲族景观基因的景观形式应予以排除拆除,以修复景观基因信息链。

随着数字化保护技术的迅速发展,后续的研究工作可结合GIS技术进一步完善景观基因图谱构建,力求建立景观基因数字化保护体系,实现文化景观基因的动态管理。同时,结合数理分析,利用虚拟现实技术复原畲族聚落的传统风貌,打破传统的景观基因保护途径,为少数民族传统村落文化振兴提供有效方法。

附　录

浙江省非物质文化遗产项目"畲族民歌"代表性
传承人蓝景芬访谈记录

时间:2023 年 4 月 10 日 16 时 43 分

地点:景宁县岗石村蓝景芬寮内

访谈对象:蓝景芬,以下简称蓝,蓝景芬是岗石村妇联主席,也是浙江省非物质文化遗产项目"畲族民歌"代表性传承人,一直以传承畲歌为己任,传承祖辈流传下来的畲歌。她一直牢记使命,学习、传承畲歌这一畲族特有的文化。蓝景芬除了拜访村里的老人,整理家传的畲族歌本,还将畲族的织带文化、酿酒文化、采茶文化融入歌舞中,展现了畲族群众勤劳智慧、忠诚热情、坚韧不拔的精神。2016 年,她开设了畲族民歌传承馆,通过开办畲歌畲语课堂等接收畲汉学员,弘扬畲族文化。村里还租用她家的屋舍,兴办了"尚文"农家书屋,蓝景芬也成了书屋的管理员。蓝景芬这些年身兼数职,一直为畲族文化的传承事业奔走,让畲族孩童在畲族氛围熏陶下健康成长,让畲民重拾对百年畲族文化的自信,一直是蓝景芬努力实现的大事。

采访人:宋晓青、阚蔚,以下简称宋、阚(浙江科技学院艺术设计与服装学院环境设计专业教师)

记录:刘嵩嵩、赵波(浙江科技学院艺术设计与服装学院 2020 级环境设计专业研究生、2020 级环境设计专业本科生)

宋:这是您日常办公的地方吗?书架上摆着很多书籍。

蓝:我的祖父喜欢藏书,他留下了很多书籍,我们就做了个书柜供村民阅读,以前这里我们管它叫"上门书屋"。后来村里租用了这里,增加了一些图书,这里就成了村里的农家书屋。

宋:您是一位对畲族文化很有情怀的人,今天我们调研安亭上寮村,见到那里的山书先生雷梁庆老师,他也在村里的耕读馆里教授畲族孩童畲语和书法,乡村还是需要你们这样有责任感的人。

蓝:不行啦,我们也撑不下去了。因为没人呐,孩子都走光了,我们其实真的很困难。困难就在于我们每次要想组织一堂课,我找人都很困难。我这里还好一点,离县城比较近哦,那你像那个雷老师在的安亭村,他们更加困难。

宋:孩子是畲族文化振兴的希望,您认为应该怎样从根本上改善这个问题?

蓝:2009 年,组建山歌队以后啊,我其实一直提议政府能不能制定一个保障机制,就是鼓励畲族家长从孩子一出生就先教畲语。这样这些孩子才能对畲族文化有传承的基础。这个畲歌也是要用畲语来演绎的,总不能说用普通话去念吧。

宋:是这样的,只有用畲语来演绎才最真挚,才是地道的民族歌曲。

蓝:不懂畲语的话,就不知道怎么去翻译成畲语。我们这一辈人还会说畲语,传承畲族文化并不是我最初的理想,我是中途插进来,我能插得进来,就是因为我能懂畲语,我能看得懂,那个歌本拿过来我能够翻译,这是最基本的东西。现在的孩子他做不了这个事情了,那以后传承这些东西就没有任何意义。

宋:嗯,畲族是没有自己文字的,所有的歌本都是汉字写成的。

蓝:对,畲族没有文字,如果你不懂畲语的话,这个歌本留给后辈,也就是一本书而已,它就不是真正意义上的民族歌集了。

宋:嗯,就没有民族的原汁原味了。

蓝:是啊,所以这个我很担心的。之前我就一直提倡讲畲语,没有畲语的话,这些畲族的文化,比如山歌、祭祀、祈福等全部都是要用畲语来演绎的,像畲族婚嫁也是要用畲语的,畲族文化就是全程都是用畲语来贯穿的。没有了畲语,畲族文化的传承就是空谈了。所以,我一直都在呼吁政府能够制定一些保障机制去保护畲语的传承。

宋:目前主要是靠家庭自愿参加畲语学习吗? 您有什么好的提议吗?

蓝:嗯,其实是有,鼓励的方式很多。现在我们畲族的小朋友上幼儿园学费是免的,学杂费也是免的。比如免除的条件可以规定小孩子最起码要会讲畲语,以这个作为一种奖励的条件。这样的话,这个家长才会有动力去教小孩子来讲畲语。小学、初中的时候都可以采用畲语加分制,当然不仅仅局限于畲族小朋友,汉族小朋友也可以通过学习畲语加分。我们就是鼓励畲族、汉族小朋友都能学畲语,加入学习畲语的行列中。

阚:这个提议很好啊!

蓝:但是没有人重视。其实用这种方式的话,很多家长自然而然会教小孩子讲。只要我们畲语能够保留下来,我就能发动小朋友去唱山歌,去做畲族的祈福、祭祀啊,这样才能把畲族文化一直传承下去。

宋:嗯,畲族的非物质文化传承还是要从教育这块抓。目前激励导向性政策是比较缺乏的对吧?

蓝:对啊。你看我们一生下来父母就是教我们畲语的,就这么一代代地传下来的。忽然从 20 世纪 90 年代末开始,家长基本上就不讲畲语了,不教小孩子畲语了,他们就认为我讲这个畲语没有任何意义了,没有价值了。很多人会说,现在全国都在普及普通话,你为什么要提倡畲语呢。我说,这个完全是两回事,我做这个事情是要传承自己民族的文化,我并没有让他们去抵制推广普通话。而且这个并不是矛盾的,掌握两种语言并不矛盾呢。为了传承民族文化,我们自己民族的语言为什么不可以提倡保护呢?

宋:您这么多年一直坚持在做这个事情,一定碰到了很多困难吧?

蓝:很多时候很难。凭我们几个人的力量,我们真的很难做,我们一直在这里喊,一直在这里呼吁,几个人的声音是喊不响的。

宋:畲族文化的传承确实已经迫在眉睫了,如果没有大量的传承人,畲族文化也就慢慢在消失了。

蓝:我已经可以看到是没有了。年纪轻的基本上没有人愿意跟我们学唱畲歌的,到外面去参加三月三大型活动,找人参加非常困难,又要形象好,又要声线好,后面只能让年龄大的人都留下来了。

宋:平时您教小朋友学畲语,一般能召集多少人?

蓝:这个人数是讲不来,之前没建群,授课时到课的孩子是比较零散的。2019 年,我拉了一个群,组织小朋友线上、线下学畲语。这个群组织活动基本上不可能全部的孩子都能够来,他们课外的课程也是排得很满,到周末有很多兴趣班,他们家长宁可花钱去学其他兴趣班,也不愿意让他们的孩子免费跟我们学畲语。

宋:你们的课程相当于公益类的。

蓝:对,我们做公益的,但是就算免费的他们也不愿意来学。主要畲族家长还没有学习畲语这个意识,他们没有意识到重要性,所以也不会特别在意这个事情啊。

宋:您做这个事情坚持了多少年?

蓝:2009年开始的。2009年,我发现基本上村里的小孩就开始不讲畲语,家长不教畲语了,畲族家庭里面的孩子也不学畲语了。我觉得这个是挺可怕的,对于畲族文化传承形势是非常、非常严峻的。当时,我很着急的,我真的很着急的,但是我一个人在这里着急也没有多大效果,于是就开始组织活动来传承畲语和山歌。我教畲歌的时候,现在就是有几个会讲一点畲语的,我教她就会比较标准一点。不会畲语的话是可以学的,但是她学的话只能死记硬背一首,学不标准。如果会畲语的话,我就很好教了。

宋:目前,岗石村民居总体的外立面都做得比较统一,还是保留了畲族建筑的特色,您对于目前村里民居建筑的状况有什么看法么,比如在功能实用方面?

蓝:这种房子拿来改造的话,内部改造可能比盖一栋房子的成本还要高,所以大家不愿意拿钱改造房子,不如请人盖一栋房子,拆了重建。所以说这个也是问题呢,我们自己不愿意改这个房子的原因也在这里。

宋:确实是这样的,这个还需要提供设计和技术支持,要有统一的规划设计。

蓝:像我们这房子,隔音效果就很差。还有卫生间的问题,这个都是我们现代居住环境的一个最基本的设施嘛,我们卫生间改造的成本也非常高。之前,我们也想把房子改一下,但是后面算了下改的钱那还不如去新盖一个。所以说还是算了吧,这个房子现在自己能住就先住着吧,以后孩子们肯定是不要住了,我估计是。

宋:村民的生活需求也要得到改善,畲族村要有村民住在里面才是一个活化博物馆。这还是需要有专项资金扶持,由设计团队做统一的改造设计。

蓝:嗯,对的。

宋:畲族文化元素在畲歌、服饰等非物质文化方面还是挺丰富的,这块还是值得深入挖掘的。

蓝:是的,就是软文化这方面。景宁畲族是迁徙过来的,其实很多方面都已经汉化了,很多就算不是汉化,也被融合了。其实我们景宁畲语,很多都已经跟当地的方言融合在一起了,有些单个的词啊,像比方说一些新名词,基本上都是融合的。

宋:您觉得什么畲族文化元素是景宁畲族中比较有特点的?

蓝:畲族服饰的凤冠在我们景宁地区是比较有特点的,景宁式就是非常高挺的那种,每个地方凤冠会有变化,可能是取凤凰的不同部位吧,比如有些地方是凤头,有些地方是凤身,有些是凤尾,形式会有区别。

宋:我看到凤冠上面有很多银饰,垂下来的一块一块的银片上有不同的图案,这些图案一般有什么寓意么?

蓝:基本都是一些符号图腾,寓意美好的这种,大多是期望自己生活美好之类的。凤冠是区分已婚妇女和未婚姑娘的一个标志。如果戴了凤冠她就是已婚妇女,不戴凤冠她就是未婚的、未出嫁的闺女,这个凤冠是用来区别这个的。这个凤冠呢是出嫁娘家要陪嫁的,然后到她去世以后,她要戴着出嫁时的那个凤冠走的,所以是有讲究的。

阚:那未出嫁的闺女是不能带这个凤冠的。

蓝:最早是没有结婚之前她是不戴凤冠的,但是现在的话,我们好像是为了宣传舞台效果的需要啊,我们现在小孩子都戴凤冠,其实如果按我们传承的脉络,未出嫁的闺女是不戴凤冠的。

宋：以前的凤冠色彩比较朴实，基本以黑色为主。

蓝：对呀，现在市面上的凤冠根据这个老版的加一些红色的元素，彩色、亮丽的色调。那我们现在戴的这个基本上都是改良版了，原来凤冠上的这些配饰都是银的，那我们现在做，也不敢做银的了，全银的也消费不起。我们现在用这种新银打造的话，整个凤冠也可能也要七八千吧。银饰上面很多东西都是为了日常生活当中要用，实用性的东西，比如挖耳勺之类的。

宋：这个还挺有意思，既可以装饰又可以用。不过价格确实有点高。

蓝：嗯，所以说我们现在普遍戴的这种都是改良版的，全部都是仿银装饰品装饰起来的那种。

宋：那你当时结婚的时候也穿戴凤凰装吗？

蓝：没有，我们结婚就没有了。现在基本上都是为了表演才戴。后来，对这个婚嫁我向有关部门提议过。我说为了传承这个畲族婚嫁，他们能不能出一个鼓励机制。我说如果民间有人愿意做这个婚嫁的话，就是说真真实实地要嫁女儿的时候搞这个婚嫁，我们给她补助，所有流程我们都给她操办，我们都愿意给她们做，但是这样的提议没有被接纳。还有一个，就是家长和新人也发动不起来。

阚：主要是自己不愿意。

蓝：对啊。

阚：其实可以村里就做个一两套，可以租吧。

蓝：不用租，我们都愿意从头到尾帮她们操办，而且还补贴给她们钱，那么她也不愿意嘛，那就没办法了，我们也没这个能力去做，没有资金扶持我们肯定做不了这个事情。哎，现在是给钱她们都不愿意做了，她们要西洋西化，她们要洋气，那怎么办呢。现在都要穿婚纱,这种西方的文化侵入有时真的是很可怕的。

宋:其实,我觉得还是民族文化自信这一块存在问题,缺的就是这个,是要帮他们怎么样建立文化自信。

蓝:我曾经做过一个预算,我们这种畲族婚嫁如果说有扶持的话,我觉得也不会超过5万的,一场婚嫁下来超不了5万。我们主要是做公益的,不需要华丽的场景,只要把这个畲族婚嫁的基本操作经费能够保证就行了,但是这样子我们都做不起来。实在是没有办法了,很苦啊。

宋:调研的村里基本看不到有人穿畲族服饰了。

蓝:这套服饰的成本现在都是很高的,平常我们确实也穿不了,也穿不起这件衣服。对于我们普通老百姓来说,我们平时买的衣服几十块钱T恤就够了。

宋:感觉您在一个人孤军奋战。光一个人有使命感不行,要很多人配合,政府也要相应的支持。

蓝:我们这里有畲歌队,畲歌队就是跟着我吃苦呗,真的我觉得这么多年都是跟着吃苦。我告诉大家,我们都是为了自己的民族文化去做这个事情,人家给钱我们也做,不给钱我们也要做。基本上就是靠着这种意念一直坚持的。但还有些人诋毁我们,说我们观念有问题。我说这个观念真的没有问题,我说我们已经做得很难了,我们再坚持几年吧,但也可能坚持不了几年了,我们这一批畲歌队里面年轻的人吸收不进来,年龄大的渐渐地老去,如果都是这种状态走下去,我们只能走下坡路,我们爬不了山了。

宋:是的,这个问题确实非常严峻。

蓝:年轻人不愿意做这个事情。我之前2013年、2014年开始带的一个小姑娘,她声音条件非常好,形象也还可以,跟着我们锻炼了很多年,舞台经验也很丰富了。但是到了初中以后,她突然间不来了,她觉得为什么她要去做这个事情而别人都不做,然后她也不做了,不肯来了。后来我跟她爸爸都很生气,她爸爸很生气想打她,我说你不要打她,我说她功底基础是已经给我们培养在这里了,将来有一天,她如果认识到了,她还可以回头去做这个事情,至少现在不要逼她。她现在很叛逆了,一天都不来,我们怎么喊她也不来。她从8岁开始跟我们学,一直跟到上初中13岁哈,跟了我们五六年,其实她功底基础是已经打好了,这个女孩子我不担心,将来她能够回来就行了,她就可以做这个事情了。

宋:是的,扎实的基础已经打好了。这样的孩子多么?

蓝:也不是说我所有带的孩子都能够做这个事情,因为很多孩子她愿意来学,但是她不一定有这个条件。唱畲歌的话,她要有一个好的声音条件。我其实是声音条件不好的,我喉咙有息肉,基本上我现在都唱不了了。

宋:非常钦佩您,您是对畲族文化很有情怀的一个人。

蓝:现在做这个事情,热情已经很难支撑下去了。

宋:非常理解您的心情,也希望我们课题组能够尽我们的力量去帮助您,感谢您和我们的交流。

蓝:好,感谢感谢。

后记:蓝景芬怀揣着一颗赤诚的心,不畏艰难困苦,全身心地投入传承畲族文化事业,一干就是十几年。在和蓝景芬交谈中,我们团队能深深地感受到她对岗石村的热爱和对畲族文化的热爱与自豪。同时,我们也感受到她对于这份事业未来的忧虑、无奈与无比急切的心情。我们非常理解她,同时也非常钦佩她这份执着与坚韧,希望畲族文化能得到社会上更多人的关注,政府和社会各界相关人士能够给予更多的扶持与帮助,一起加入畲族文化的传承事业,让这朵民族奇葩能够开得更加灿烂。

参考文献

［1］白真.社会转型期我国传统体育文化的价值体系与实现路径研究［M］.上海：上海交通大学出版社，2021.

［2］Blackmore S J. The meme machine［M］. Oxford：Oxford University Press，2000.

［3］布莱克摩尔.谜米机器［M］.高申春，吴友军，许波，译.长春：吉林人民出版社，2001.

［4］曹帅强，邓运员.基于景观基因"地域机制"的客家文化保护与传承开发——以湖南省炎陵县为例［J］.地域研究与开发，2017(4)：164-170.

［5］曹帅强，邓运员.基于景观基因图谱的古城镇"画卷式"旅游规划模式——以靖港古镇为例［J］.热带地理，2018(1)：131-142.

［6］陈海红，洪艳，沈秋燕.景宁畲族传统民居被动式绿色建筑技术研究［J］.浙江建筑，2013(1)：51-54.

［7］谌华玉.畲族语言研究的现状及其发展趋势［J］.汕头大学学报(人文社会科学版)，2004(4)：37-39.

［8］陈敬玉.景宁畲族服饰的现状与保护［J］.浙江理工大学学报，2011(1)：55-58.

［9］陈敬玉.民族服饰的固态保护与活态传承——以浙江景宁畲族为例［J］.丝绸，2011(5)：48-63.

［10］陈敬玉，张萌萌.畲族彩带的要素特征及其在当代的嬗变［J］.丝绸，2018(6)：83-90.

[11] 陈义勇,俞孔坚.美国乡土景观研究理论与实践——《发现乡土景观》导读[J].人文地理,2013(1):155-160.

[12] 陈遇春.青草药识别与应用图谱[M].北京:中国医药科技出版社,2020.

[13] 陈泽远,关祥祖.畲族医药学[M].昆明:云南民族出版社,1996.

[14] 崔箭,唐丽.中国少数民族传统医学概论[M].北京:中央民族大学出版社,2016.

[15] Dawkins R. The selfish gene[M].Oxford:Oxford University Press,2016.

[16] 邓运员,代侦勇,刘沛林.基于GIS的中国南方传统聚落景观保护管理信息系统初步研究[J].测绘科学,2006(4):74-77.

[17] 董鸿安,丁镭.基于产业融合视角的少数民族农村非物质文化遗产旅游开发与保护研究——以景宁畲族县为例[J].中国农业资源与区划,2019(2):197-204.

[18] 段进,姜莹,李伊格,等.空间基因的内涵与作用机制[J].城市规划,2022(3):7-14.

[19] 范珮玲.山哈风韵——浙江畲族文物特展[M].北京:中国书店出版社,2012.

[20] 范霄鹏,王天时.浙西南深垟畲族民居的乡土田野调查[J].遗产与保护研究,2017(6):9-13.

[21] 冯明兵.基于地域文化符号的列车涂装设计研究[J],包装工程,2023(4):351-357.

[22] 付名煜.如何为活化古村寻找活力之源[N].丽水日报,2023-04-13(A03).

[23] 耿云楠.景宁地区传统民居更新改造研究[D].北京:北京建

筑大学,2017.

[24] 郭守靖,吴国正,慰升华.浙江畲族武术的地域性特征[J].搏击·武术科学,2009(12):11.

[25] 郭志禹,郭守靖.中国地域武术文化研究策略构想[J].体育科学,2006(10):88.

[26] 何瑶.基于畲族生活方式的"凤凰装"样式研究与应用[D].杭州:浙江理工大学,2016.

[27] 胡慧,胡最,王帆,等.传统聚落景观基因信息链的特征及其识别[J].经济地理,2019(8):216-223.

[28] 胡最.传统聚落景观基因的地理信息特征及其理解[J].地球信息科学学报,2020(5):1083-1094.

[29] 胡最,刘沛林.Geo Design与传统聚落景观基因理论框架的整合探索[J].经济地理,2021(8):223-231.

[30] 胡最,刘沛林,邓运员,等.传统聚落景观基因的识别与提取方法研究[J].地理科学,2015(12):1518-1524.

[31] 胡最,刘沛林,申秀英,等.传统聚落景观基因信息单元表达机制[J].地理与地理信息科学,2010(6):96-101.

[32] 黄琴诗,朱喜钢,陈楚文.传统聚落景观基因编码与派生模型研究——以楠溪江风景名胜区为例[J].中国园林,2016(10):89-93.

[33] 蒋炳钊.畲族史稿[M].厦门:厦门大学出版社,1988.

[34] 蒋洪,宋纬文.中草药实用图典[M].福州:福建科学技术出版社,2017.

[35] 景民宗.畲山风情:景宁畲族民俗实录[M].福州:海风出版社,2012.

[36]《景宁畲族自治县概况》编写组.景宁畲族自治县概况[M].

北京：民族出版社，2007．

[37] 柯月嫦，张震方，杨梅，等．景观基因链理论下的研学旅行线路设计研究——以大理喜洲古镇为例[J]．地理教学，2020(22)：53-57．

[38] 蓝法勤．浙西南畲族村落与居住文化[J]．文艺争鸣，2011(8)：108-110．

[39] 蓝法勤．浙江景宁畲族传统民居卷草凤凰纹装饰研究[J]．设计艺术研究，2013(1)：94-99．

[40] 蓝法勤．浙西南畲族传统民居研究[J]．南京艺术学院学报，2011(2)：71-77．

[41] 蓝其平．闽北畲家医药[M]．福州：福建科学技术出版社，2021．

[42] 兰晓萍，兰颐宗，雷阵鸣．浙南山区畲族村落居住文化探究[J]．文史杂志，2002(5)：39-41．

[43] 蓝雪菲．畲族音乐文化[M]．福州：福建人民出版社，2002．

[44] 雷光振．凤冠与畲族头饰[J]．东方博物，2010(1)：80．

[45] 雷光振．猎神与畲族狩猎[J]．东方博物，2010(4)：117．

[46] 雷光振．畲族传统唠歌的表现形式[J]．东方博物，2014(4)：104-108．

[47] 雷后兴，李水福．中国畲族医药学[M]．北京：中国中医药出版社，2007．

[48] 雷弯山．畲族风情[M]．福州：福建人民出版社，2002．

[49] 李彩霞．起寮筑景：浙闽畲族建筑当代设计表达研究[D]．厦门：厦门大学，2019．

[50] 李晨．畲族民间音乐[M]．南宁：广西民族出版社，2008．

[51] 厉新建，张凌云，崔莉．全域旅游：建设世界一流旅游目的地

的理念创新——以北京为例[J].人文地理,2013(3):130-134.

[52] 林琳,田嘉铄,钟志平,等.文化景观基因视角下传统村落保护与发展——以黔东北土家族村落为例[J].热带地理,2018(3):413-423.

[53] 林吕建,陈建波.生态现代化的丽水样本[M].杭州:浙江人民出版社,2011.

[54] 林润泽,杨帆,张丹,等.闽江流域传统村落景观特征提取与区系划分[J].南方建筑,2022(4):54-60.

[55] 刘建福,王河山,王明元.常见药用植物图鉴400种[M].广州:广东科学技术出版社,2021.

[56] 刘沛林.古村落文化景观的基因表达与景观识别[J].衡阳师范学院学报(社会科学),2003(4):1-8.

[57] 刘沛林.家园的景观与基因:传统聚落景观基因图谱的深层解读[M].北京:商务印书馆,2014.

[58] 刘沛林."景观信息链"理论及其在文化旅游地规划中的运用[J].经济地理,2008(6):1035-1039.

[59] 刘沛林,刘春腊,邓运员,等.基于景观基因完整性理念的传统聚落保护与开发[J].经济地理,2009(10):1731-1736.

[60] 刘沛林,刘春腊,李伯华,等.中国少数民族传统聚落景观特征及其基因分析[J].地理科学,2010(6):811-817.

[61] 刘沛林,刘颖超,杨立国,等.传统村落景观基因数字化传播及其旅游价值提升——以张谷英村为例[J].经济地理,2022(12):233-239.

[62] 刘嵩嵩.农文旅融合下的传统村落景观保护与更新[D].杭州:浙江科技学院,2023.

［63］刘亚美．乡土建筑保护理论的梳理和研究［D］．昆明：昆明理工大学，2013.

［64］柳意城，景宁畲族自治县志编纂委员会．景宁畲族自治县志［M］．杭州：浙江人民出版社，1995.

［65］毛克明，柳锐，陈秋美，等．浙西南地区传统村落黛瓦屋面营造技术研究［J］．建筑技术开发，2019，46（21）：31-33.

［66］梅丽红，雷红香，胡丽娟，等．体验畲村风情彰显畲族文化——安亭打造活态博物馆新探索［J］．中国民族博览，2018（11）：216-218.

［67］南京中医药大学．中药大辞典下册［M］．2版．上海：上海科学技术出版社，2014.

［68］邱国珍．畲族医药民俗述论［J］．中央民族大学学报（哲学社会科学版），2003（6）：57.

［69］邱国珍．浙江畲族史［M］．杭州：杭州出版社，2010.

［70］邱国珍，邓苗，孟令法．畲族民间艺术研究［M］．北京：中国社会科学出版社，2017.

［71］邱慧灵．浙江景宁畲族彩带中的符号纹饰研究［J］．前沿，2011（22）：136.

［72］邱慧灵，余海珍，陈晓琴，等．景宁畲族彩带"意符文字"的探究与释读［J］．浙江工艺美术，2009（3）：24-28.

［73］邱彦余．畲族民歌［M］．杭州：浙江摄影出版社，2014.

［74］任维，张雪葳，钱云，等．浙西南少数民族地区乡土景观研究——以景宁县环敕木山地区传统畲族聚落景观为例［J］．浙江农业学报，2016（5）：802-809.

［75］史图博，李化民．浙江景宁敕木山畲民调查记［M］．武汉：中南民族学院民族研究所，1984.

[76] 单霁翔.文化景观遗产的提出与国际共识(一)[J].建筑创作,2009(6):143.

[77] 单霁翔.从"文化景观"到"文化景观遗产"(下)[J].东南文化,2010(3):7-12.

[78]《畲族简史》编写组,《畲族简史》修订本编写组.畲族简史修订本[M].北京:民族出版社,2008.

[79] 申秀英,刘沛林,邓运员,等.中国南方传统聚落景观区划及其利用价值[J].地理研究,2006(3):485-494.

[80] 申秀英,刘沛林,邓运员.景观"基因图谱"视角的聚落文化景观区系研究[J].人文地理,2006(4):109-112.

[81] 施联朱.畲族风俗志[M].北京:中央民族学院出版社,1989.

[82] 施联朱,雷文先.畲族历史与文化[M].北京:中央民族大学出版社,1995.

[83] 施强,谭振华.族群迁徙与文化传承:浙江畲族迁徙文化研究[M].北京:民族出版社,2014.

[84] 陶雨恬.景宁畲族传统服饰艺术在现代的发展研究[J].浙江理工大学学报,2014(12):499-503.

[85] 王超.安康市传统村落文化基因的识别提取及规划调控研究[D].西安:长安大学,2020.

[86] 王成,钟泓,粟维斌.聚落文化景观基因识别与谱系构建以桂北侗族传统村落为例[J].社会科学家,2022(2):50-55.

[87] 王克旺,雷耀铨,吕锡生.关于畲族来源[J],中央民族学院学报.1980(1):89.

[88] 王南希,陆琦.基于景观基因视角的中国传统乡村保护与发展研究[J].南方建筑,2017(3):58-63.

[89] 王珊.龙泉菇民防身术项目开发与学校体育教学创新研究

[D].杭州:杭州师范大学,2011.

[90]王文章.第二批国家级非物质文化遗产名录图典3[M].北京:文化艺术出版社,2016.

[91]王璇.畲族古民居设计中的可持续性研究[J].山西建筑,2014(5):7-8.

[92]汪洋.畲族彩带的非物质文化遗产保护价值[J].前沿,2012(9):154-156.

[93]王云才,石忆邵,陈田.传统地域文化景观研究进展与展望[J].同济大学学报(社会科学版),2009(1):18-24+51.

[94]王在书,李超楠.景宁地区畲族传统村落空间形态特征解析[J].遗产与保护研究,2017(1):45-50.

[95]文静.基于"景观基因链"视角下遗址文化景观基因图谱构建及旅游展示的原理——以韩城古城为例[D].西安:西北大学,2017.

[96]吴素萍.生态美学视野下的畲族审美文化研究[M].杭州:浙江工商大学出版社,2014.

[97]吴微微,汤慧.浙江畲族传统彩带的民俗文化与染织技术[J].浙江理工大学学报,2006(2):159-162.

[98]夏帆.畲族源生服装图系研究[M].杭州:浙江人民美术出版社,2017.

[99]夏娟.畲族传统造物设计的文化生态探析——以浙江畲族聚居地为例[D].杭州:浙江农林大学,2013.

[100]徐健超.景宁畲族彩带艺术[J].装饰,2005(4):104.

[101]闫晶.畲族服饰史[M].北京:中国纺织出版社,2019.

[102]闫晶,陈良雨.畲族服饰文化变迁及传承[M].北京:中国纺织出版社,2017.

[103] 杨道敏,莫幸福.浙江省民族乡志第4卷岱岭畲族乡志[M].杭州:西泠印社出版社,2021.

[104] 杨立国,胡雅丽.传统村落非物质文化景观基因的生产与传承——以通道侗族自治县皇都村为例[J].经济地理,2022(10):208-214

[105] 杨晓俊,方传珊,王益益.传统村落景观基因信息链与自动识别模型构建——以陕西省为例[J].地理研究,2019(6):1378-1388.

[106] 尹智毅,李景奇.历史文化村镇景观基因识别与图谱构建——以黄陂大余湾为例[J].城市规划,2023(47):97-104+114.

[107] 于爱玲.探析景宁畲族织带图案的寓意及艺术价值[J].现代装饰(理论),2014(11):111.

[108] 张慧琴,吴东海.畲族图腾崇拜初探[J].南方文物,2005(4):45-47.

[109] 张诗凝.景宁畲语的语言生态研究[D].上海:上海师范大学,2015.

[110] 张晓宁.畲族传统民居建筑与居住文化研究[D].杭州:浙江农林大学,2015.

[111] 赵潇诺.景宁畲族传统民居营造技艺研究[D].杭州:浙江农林大学,2022.

[112] 赵运林,等.湖南药用植物资源[M].长沙:湖南科学技术出版社,2009.

[113] 浙江省少数民族志编纂委员会.浙江省少数民族志[M].北京:方志出版社,1999.

[114] 郑文武,李伯华,刘沛林,等.湖南省传统村落景观群系基因

识别与分区[J].经济地理,2021(5):204-212.

[115] 周谨蓉.景宁畲族服饰纹样中蕴含的文化与审美[J].大舞台,2013(1):264-265.

[116] 周思雯.浙江景宁畲族女性服饰图案研究与应用[D].杭州:浙江科技学院,2022.

[117] 周文博.畲族传统体育融入学校体育发展研究——以景宁中小学为例[D].武汉:武汉体育学院,2023.

[118] 朱德明,李欣.浙江畲族医药民俗探微[J].中国民族医药杂志,2009(4):59.